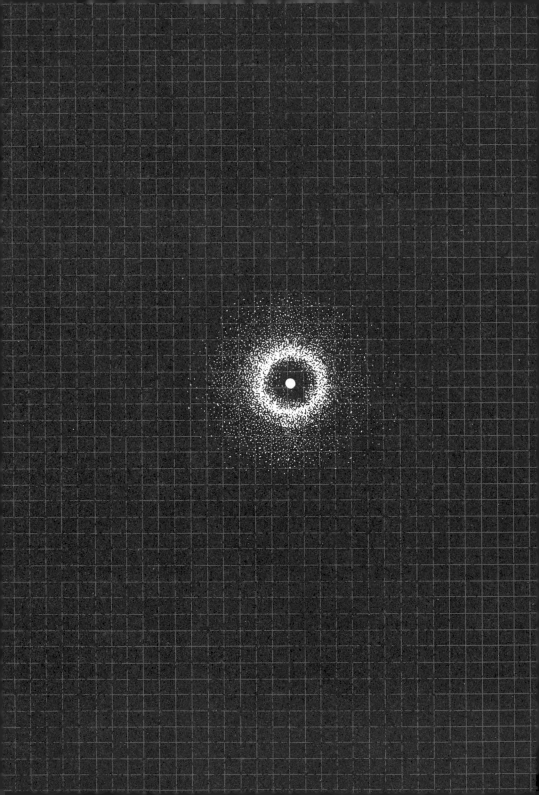

➜ 常聽說但總是似懂非懂的領域──大話題

量子理論

INTRODUCING QUANTUM THEORY：
A GRAPHIC GUIDE

J. P. 麥可弗伊 J. P. McEvoy ── 著

奧斯卡‧薩拉特 Oscar Zarate ── 繪

郭雅欣 ── 譯

什麼是量子理論？

量子理論是人類所提出最成功的一套論點。它解釋了元素週期表，以及為何會發生化學反應。它提出了許多正確的預測，像是雷射及微晶片的運作、DNA 的穩定性，以及 α 粒子如何穿透原子核。

波耳 1927 年提出的量子理論至今仍是學術正統，但愛因斯坦在 1930 年代提出的*思想*實驗質疑了這個理論的基本有效性，並且爭論至今。他會再次是對的嗎？是不是遺漏了什麼？
讓我們從頭說起……

介紹量子理論……

你知道嗎，向一位完全初學的人解釋量子理論，比向古典物理學家解釋來得容易。

你在開玩笑吧？這些古典物理的傢伙面對現代理論時，出了什麼問題？

問題在於：即將邁入 20 世紀之前，物理學家絕對確信他們所認知的物質和輻射本質，任何牴觸*古典*設想的新概念，他們幾乎都不考慮。艾薩克・牛頓（1642-1727）和詹姆斯・克拉克・馬克士威（1831-79）的數學形式不但無懈可擊，而且根據他們的理論所做的預測多年來都經過仔細的實驗證實。理性時代已轉變成了確定性時代！

古典物理

古典是指 19 世紀末物理學家以牛頓力學與馬克士威電磁學（有史以來最成功的物理現象綜合理論）為學術養分而孕育出的物理。

我用一道簡單的斜面和一顆金屬球，證明了偉大的亞里斯多德物理學是有缺陷的。

喔！別炫耀了！

從**伽利略**（1564-1642）開始，透過觀察來檢驗理論成為傑出物理學的標誌。他示範了如何設計實驗、測量，並將結果與數學定律的預測比對。

理論和實驗之間的互動，仍是在可接受的科學界前進的最好方式。

7

一切都已證實（而且古典）……

在 18、19 世紀，牛頓運動定律經由可靠的檢驗，通過了審查並確定成立。

我的重力定律已經被用來預測行星運動，並且相當準確……

根據我 1865 年提出的電磁波理論，我預測有看不見的「光」波存在，而海因里希·赫茲（1857-94）1888 年在柏林的實驗室偵測到了訊號。現在它們稱為無線電波。

這些波就像光一樣會反射和折射。馬克士威是對的。

難怪這些古典物理學家會對他們所認知的深信不疑！

「填補到小數點後六位」

格拉斯哥大學的古典物理學家：著名的**克耳文爵士**（1824-1907），曾談到牛頓的物理世界僅剩的兩朵烏雲。

1894 年 6 月，美國諾貝爾獎得主**阿爾伯特‧邁克生**（1852-1931）自認為這句話摘要了克耳文爵士的意思，這令他後悔一輩子。

古典物理基本假設

古典物理學家建立了一系列的假設，將他們的思想統整起來，這使得他們很難接受新的概念。以下列出他們對物質世界有哪些**確定不疑**……

1. 宇宙就像一臺放在絕對時空框架中的巨型機器。複雜的運動可以理解為機器內部各零件的簡單運動，即使這些零件並不可見。

2. 牛頓的理論說明一切運動都有**原因**。如果一個物體表現出運動，人們一定能找出運動的原因。這是單純的**因果關係**，沒有人質疑這一點。

3. 如果我們知道物體在某一點（例如現在）的運動狀態，就能判斷它在未來甚至過去任何時刻的運動狀態。沒有什麼不確定，一切都是先前的一些因素造成的結果。這是**決定論**。

4. 馬克士威電磁**波**理論**完全描述了**光的性質，並可由湯瑪士・楊格在 1802 年簡單的雙狹縫實驗中觀察到的干涉圖樣加以證實。

5. 運動中的能量可以用兩種物理模型來表達：一種是**粒子**，其表現就像無法穿透的球體，例如撞球；另一種是波，其表現就像在海面上朝著岸邊打去的海浪。這兩者是互相排斥的，即能量必定只以其中一種方式表現。

6. 一個系統的性質，如溫度或速度等，要測量得多準確都可以。只要降低觀察者的探測強度或根據理論來校正即可。原子級的系統也不例外。

古典物理學家認為以上這些事情都是**千真萬確的**。但這六個假設最終**都會**被證明是有疑慮的。首先體認到這一點的，是 1927 年 10 月 24 日在布魯塞爾大都會飯店會面的一群物理學家。

1927 年索爾維會議——量子理論的成形

第一次世界大戰爆發前幾年，比利時實業家**歐內斯特·索爾維**（1838-1922）在布魯塞爾主辦了一系列國際物理會議，延請來賓傾全力討論某項預訂的題目。只有獲得特別邀約的人才能出席，人數通常限制在30 人左右。

1911 年至 1927 年舉行的前五次會議，以最令人大開眼界的方式記錄了20 世紀物理學的發展。1927 年的會議專門討論量子理論，每場至少都有 *9* 位理論物理學家出席，他們對量子理論做出了根本貢獻，並且最終都因而獲得諾貝爾獎。

要介紹有哪些人推動了最現代的物理理論，這張 1927 年的索爾維會議照片是很好的起點。後代將會驚歎，1927 年這些量子物理巨擘竟然在這麼短的時間、這麼小的地方齊聚一堂。

寥寥數人在這麼短的時間內就釐清了這麼多事情，在科學史上可說是空前絕後。

看看第一排坐在**瑪麗・居禮**（1867-1934）旁邊那位愁眉苦臉的**馬克斯・普朗克**（1858-1947）。普朗克拿著帽子和雪茄，看來有氣無力，好像在花了這麼多年試圖反駁自己對物質和輻射的革命性想法後，他已筋疲力盡。

幾年後，在 1905 年，瑞士一位名叫**阿爾伯特·愛因斯坦**（1879-1955）的年輕專利事務員對普朗克的概念進行推論。

前排正中間穿著禮服拘謹地坐著的就是愛因斯坦，他自從 1905 年發表早期論文之後，二十多年來一直苦思量子問題，但未得出任何真實的見解。他一直出力推動量子理論的發展，並以驚人的信心支持其他人的獨創見解。他最偉大的理論「廣義相對論」使他成為國際知名學者，那已是十年前的事了。

我展示了光永遠以量子形式存在，當然，這就是為何物質以這樣的形式吸收與放射光。**普朗克**從來不相信我！太糟了！

在布魯塞爾，愛因斯坦為了量子理論奇怪的結論，和最受敬重、最堅定的量子理論支持者**尼爾斯·波耳**（1885-1962）爭辯。之後波耳將比任何人都更嘔心瀝血，致力於解釋和理解量子理論。波耳在照片中間那排的最右邊，這位時年 42 歲的教授正如日中天，顯得輕鬆自信。

在我的演講中，我回顧了量子理論的機率詮釋，顯然大部分人都很信服，除了**愛因斯坦**。

兩位 20 世紀的物理大師就此展開持續的論戰，直到 1955 年愛因斯坦逝世。

愛因斯坦後方最後一排的**埃爾溫·薛丁格**（1887-1961）身穿獵裝，戴著領結，顯得非常隨意。他的左邊跳過一人後是「少壯派」的**沃夫岡·包立**（1900-58）、**維爾納·海森堡**（1901-76）——兩人當時才二十幾歲。第二排則有**保羅·狄拉克**（1902-84）、**路易·德布羅意**（1892-1987）、**馬克斯·波恩**（1882-1970）和波耳。這些人的發現與微觀世界的基本性質息息相關，因此名留青史，像是*薛丁格方程式、包立不相容原理、海森堡測不準原理*，以及*波耳原子*等等。

他們都聚在這裡——從 69 歲、年紀最大的普朗克（他在 1900 年開啟了一切），到 25 歲、年紀最小的狄拉克（他在 1928 年完成了這個理論）。

1927 年 10 月 30 日，拍下這張照片的隔天，與會者的腦海中還縈繞著
波耳與愛因斯坦的歷史性交鋒。他們在布魯塞爾中央車站坐上了火車，
各自返回柏林、巴黎、劍橋、哥廷根、哥本哈根、維也納和蘇黎世。

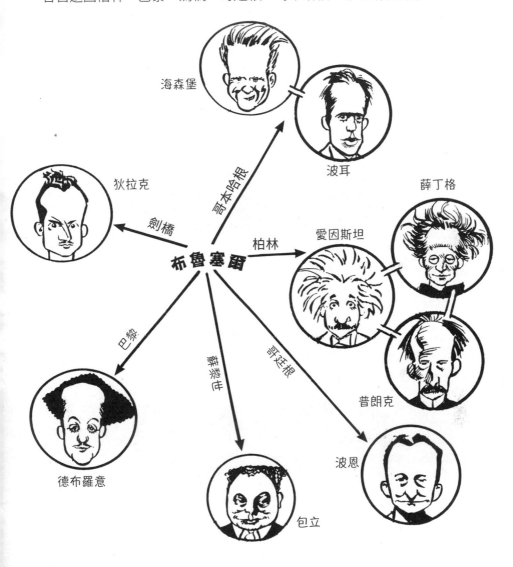

他們帶著科學家所創造出最離奇的一套理論離開。大多數人私底下可
能同意愛因斯坦的觀點，認為這種被稱為量子理論的瘋狂想法，只是
通往更完整理論的一步，以後會被更好、更符合常識的理論推翻。

但是量子理論是怎樣產生的？是什麼實驗迫使這些最謹慎的人刻意忽視古典物理學的原理，提出違反常識的物理觀點？

在研究這些與古典物理矛盾的實驗結果之前，我們需要一些**熱力學**和**統計學**的背景知識，這是量子理論發展的基礎。

什麼是熱力學？

這個詞的意思是熱的移動，熱總是從溫度較高的物體流向溫度較低的物體，直到兩個物體的溫度相同，這叫做**熱平衡**。

熱的正確描述是**一種振動**……

熱力學第一定律

解釋熱流動的力學模型在 19 世紀的英國迅速發展，背後的基礎是**詹姆士・瓦特**（1736-1819）的成就——這位蘇格蘭人建造了一臺蒸汽引擎。

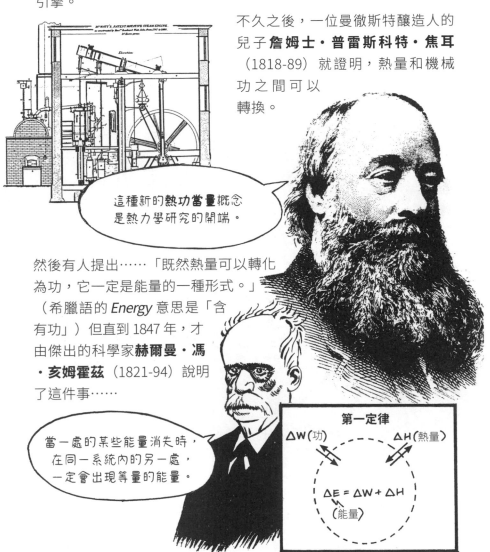

不久之後，一位曼徹斯特釀造人的兒子**詹姆士・普雷斯科特・焦耳**（1818-89）就證明，熱量和機械功之間可以轉換。

這種新的**熱功當量**概念是熱力學研究的開端。

然後有人提出……「既然熱量可以轉化為功，它一定是能量的一種形式。」（希臘語的 *Energy* 意思是「含有功」）但直到 1847 年，才由傑出的科學家**赫爾曼・馮・亥姆霍茲**（1821-94）說明了這件事……

當一處的某些能量消失時，在同一系統內的另一處，一定會出現等量的能量。

第一定律

ΔW（功） ΔH（熱量）

$$\Delta E = \Delta W + \Delta H$$
（能量）

這稱為**能量守恆定律**，至今仍然是現代物理學的基礎，不受現代理論影響。

魯道夫·克勞修斯：兩條定律

1850 年，德國物理學家魯道夫·克勞修斯（1822-88）發表了一篇論文，把能量守恆定律稱為**熱力學第一定律**。同時，他提出熱力學還有**第二**個定律，即熱力學過程中一定會有一些無法使用的熱量，因此系統總能量永遠有「退降」現象。

克勞修斯提出了稱為**熵**的新概念，熵是由物體之間傳遞的熱量所決定的。

我展示了當熱量從較**熱**的物體（溫度較高）流動到較冷物體（溫度較低）時，系統的總熵值會增加。

而我們觀察到熱量永遠是從較熱處流動到較冷處，因此我現在可以提出**熱力學第二定律**。

孤立系統的熵永遠在增加，直到熱平衡時達到最大值，也就是系統內所有的物體溫度相同的時候。

原子的存在

一位名叫**德謨克利特**（約公元前 460-370）的希臘哲學家首先提出了原子的概念（希臘語 atom 意為「不可分割」）。

原子是組成物質的最小單元。

這個概念受到亞里斯多德的質疑，之後數百年世人一直爭論不休。1806 年，英國化學家**約翰·道耳頓**（1766-1844）用原子的概念預測了元素與化合物的化學性質。

ELEMENTS

Hydrogen
Azote
Carbon
Oxygen
Phosphorus
Sulphur
Magnesia
Lime
Soda

Strontian
Barytes
Iron
Zinc
Coppe
Lea
Silv
Go
Platin

但直到一個世紀後，愛因斯坦的理論計算和法國人**尚·佩蘭**（1870-1942）的實驗，才說服了懷疑者接受世上確實有原子這個事實。

然而，在 19 世紀，即使原子缺乏實質證據，許多理論學家仍使用這個概念。

平均雙原子分子

堅信原子論的蘇格蘭物理學家馬克士威，於 1859 年建立了他的氣體動力論。

沙粒
沙粒晶體由
數十億個原子組成

水 H2O
水分子由
三個原子組成

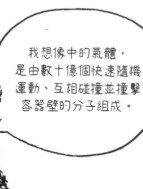

我想像中的氣體，是由數十億個快速隨機運動、互相碰撞並撞擊容器壁的分子組成。

氣體 氫氣、氧氣、氮氣
氣體分子由
兩個原子組成

DNA
DNA 分子由
數百個原子組成

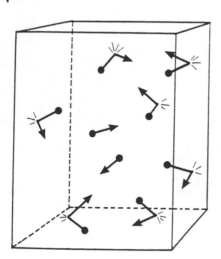

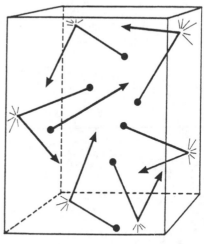

如果我們接受加熱會使分子運動得更快，並且更頻繁地碰撞容器壁的觀點，這理論就與氣體的實際物理性質一致。

馬克士威的理論基於*統計平均值*，嘗試是否可以用氣體分子的集合這樣的微觀模型，來預測巨觀性質（即實驗室中測量得到的性質）。

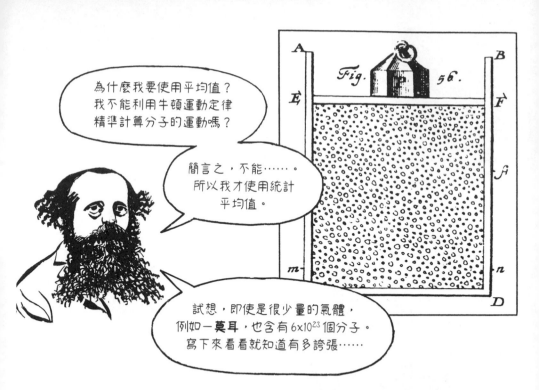

為什麼我要使用平均值？
我不能利用牛頓運動定律
精準計算分子的運動嗎？

簡言之，不能⋯⋯。
所以我才使用統計
平均值。

試想，即使是很少量的氣體，
例如一莫耳，也含有 6×10^{23} 個分子。
寫下來看看就知道有多誇張⋯⋯

(600,000,000,000,000,000,000,000)

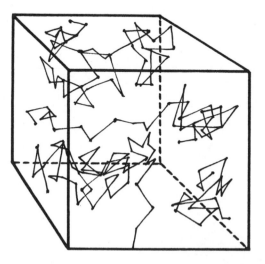

要計算這麼多粒子個別的運動，是不可能的。但馬克士威以牛頓力學分析並指出，溫度可用來度量分子的微觀**方均速度**，也就是平均速度的平方。

佩蘭眼中的隨機運動

亦即，熱是原子不斷隨機運動的結果。

馬克士威的理論真正重要的地方，在於可根據他的模型，預測分子可能速度的分布。換句話說，我們可以求得速度的**機率範圍**，也就是分子集合的速度可以偏離平均值的程度。

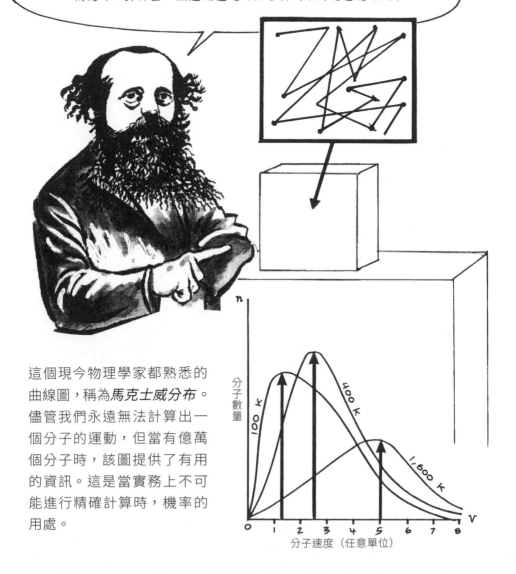

假設氣體分子均勻地在空間中運動，彼此獨立且沒有偏好的移動方向，我就可以計算出一個隨機選定的分子具有某特定速度的機率。

這個現今物理學家都熟悉的曲線圖，稱為**馬克士威分布**。儘管我們永遠無法計算出一個分子的運動，但當有億萬個分子時，該圖提供了有用的資訊。這是當實務上不可能進行精確計算時，機率的用處。

n

分子數量

100 K

400 K

1,600 K

V

0 1 2 3 4 5 6 7 8

分子速度（任意單位）

路德維希 · 波茲曼與統計力學

1870 年代，**路德維希·波茲曼**（1844-1906）受到馬克士威的氣體動力論啓發，發表了理論。

· 他提出了一般機率分布的準則，稱為**正則分布或正統分布**，可適用於任何自由運動物體的集合，這些物體彼此獨立，並隨機交互作用。

· 他提出**能量均分定理**。
這意味著當系統達到熱平衡時，能量會平均分配在所有自由度上。

· 他對熱力學第二定律做了新的詮釋。
當系統中的能量退降時（如克勞修斯在 1850 年所說），系統中的原子會變得更加無序，熵也會增加。但是這個無序是可以度量的，也就是個別系統發生的機率，定義為其內部的原子集合有幾種構成的方式

更精確的說，熵的計算如下：

$$S = k \, \text{Log} \, W \cdots\cdots$$

k 是常數（現在稱為波茲曼常數），**W** 是原子發生特定排列的機率。這項成就使波茲曼成為*統計力學*的創始者，在統計力學中，從物體微觀組成的統計行為，可以預測巨觀物體的性質。

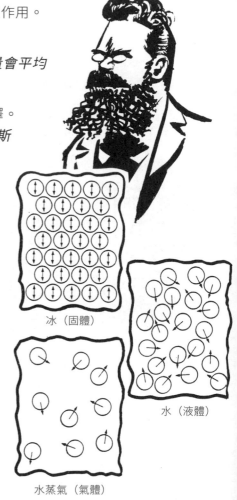

冰（固體）

水（液體）

水蒸氣（氣體）

熱平衡和擾動

我推測一個系統在受到熱振動或動力振動時，會由較不可能的狀態，轉變為較可能的狀態，直到達到熱平衡為止。在平衡狀態下，系統會處於最可能的狀態，熵也達到最大值。

要計算出數十億個粒子的運動是不可能的，但是可以使用計算機率的方法，直接得到最可能的狀態。

我也引進了有爭議的**熱擾動**概念。

密閉系統中的氣體分子，有極小的可能性會在一瞬間聚集在容器的一角。如果我們認同熵的機率解釋，那這個可能性必定存在。這稱為能量擾動。

這些新概念——利用*微觀*系統的機率與統計來預測可在實驗室測量的巨觀性質（例如溫度、壓力等）——奠定了量子理論的所有基礎。

30 年戰爭（1900-30 年）──量子物理對戰古典物理

現在我們來看看前量子理論時期的三個關鍵實驗，這些實驗無法直接用古典物理解釋。

黑體輻射與紫外災變
（普朗克的量子）

光電效應
（愛因斯坦的光子）

光譜中的明線
（波耳的原子）

根據可靠的實驗學家報告，每個實驗都涉及輻射與物質的交互作用。這些測量結果準確而且可以重複驗證，但也很弔詭……正是優秀的理論物理學家夢寐以求的情況。

我們將逐步描述這些實驗，指出它們分別引發的危機，以及由馬克斯·普朗克、阿爾伯特·愛因斯坦和尼爾斯·波耳提出的解決方案。這些科學家在提出解決方案時，為重新理解自然做出了初步的根本性貢獻。以 1913 年的波耳原子模型為頂點，這三個人共同完成的工作今日稱為**舊量子理論**。

黑體輻射

物體受熱時，會發出電磁波輻射，也就是光，並且頻率範圍甚廣。

測量從密閉加熱爐（在德國我們稱為腔體）的小洞逸出的輻射顯示，輻射的強度隨著輻射頻率而有巨大的變化。

隨著溫度增加，主頻率也會往較高的值移動，如 19 世紀後期的測量圖表所示。

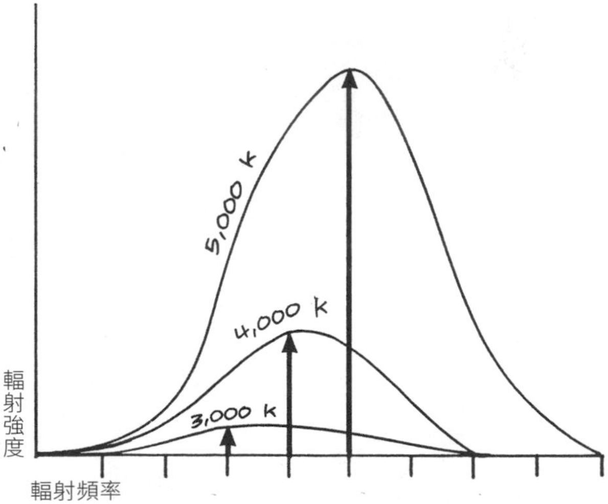

5,000 k

4,000 k

3,000 k

輻射強度

輻射頻率

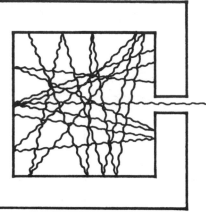

輻射的「箱子」（腔體）

黑體是指會將進入的輻射完全吸收的物體。在腔體內，輻射無路可去，只能不斷被吸收然後被腔壁重新放射出去。所以，從小開口逸散的輻射來自腔壁的**放射**而非反射，這是黑體的特性。

如果加熱爐只是暖暖的，那麼雖然會有輻射，但是我們看不到，因為它不會刺激視覺。當溫度愈來愈高時，輻射頻率會達到可見光範圍，腔體會像電爐上的加熱環一樣發出紅光。

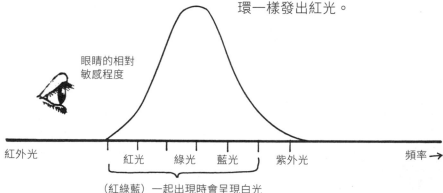

眼睛的相對敏感程度

紅外光　　紅光　綠光　藍光　紫外光　　頻率 →

（紅綠藍）一起出現時會呈現白光

在熱平衡的條件下，輻射只與溫度有關。大約攝氏 800 度時，不論加熱爐內是什麼物質——煤炭、玻璃或金屬，都可以看見一致的紅光。

這就是早期製陶工人測定窯內溫度的方法。1792 年，著名的瓷器製造商約西亞・威治伍德就指出，所有物體在同一溫度下都會變紅。

製陶指南

溫度	顏色
550℃	暗紅色
750℃	櫻桃紅
900℃	橘色
1000℃	黃色
1200℃	白色

1896 年，普朗克的朋友威廉·維因和柏林*標準局*物理部門的人合作，組裝了一個昂貴的陶瓷白金圓筒。

我們記錄了從圓筒一端的小洞逸出的輻射顏色分布，測量範圍從近紅外光到紫外光。

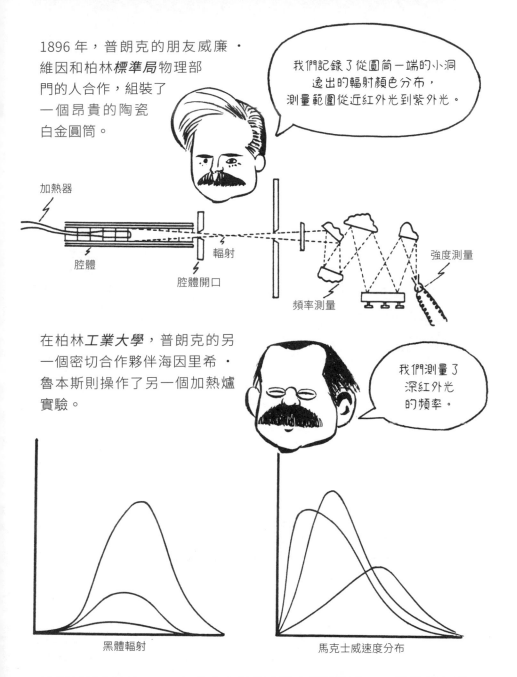

加熱器

腔體

輻射

腔體開口

頻率測量

強度測量

在柏林*工業大學*，普朗克的另一個密切合作夥伴海因里希·魯本斯則操作了另一個加熱爐實驗。

我們測量了深紅外光的頻率。

黑體輻射

馬克士威速度分布

這些輻射曲線是 1890 年代末理論物理的主要問題之一，與馬克士威所計算的封閉容器中受熱氣體分子的速度（即能量）分布十分相似。

31

矛盾的結果

這個黑體輻射問題，與馬克士威的理想氣體……電磁波（代替氣體分子）均衡地在封閉容器壁之間反彈，是否可以用一樣的方式探討呢？維因根據一些不確定的理論論據推導了一個公式，與已發表的實驗很吻合，但是只適用於頻譜的**高頻率**範圍。

英國古典物理學家**瑞利男爵**（1842-1919）和**詹姆士·金斯爵士**（1877-1946）使用與馬克士威氣體動力論相同的理論假設。

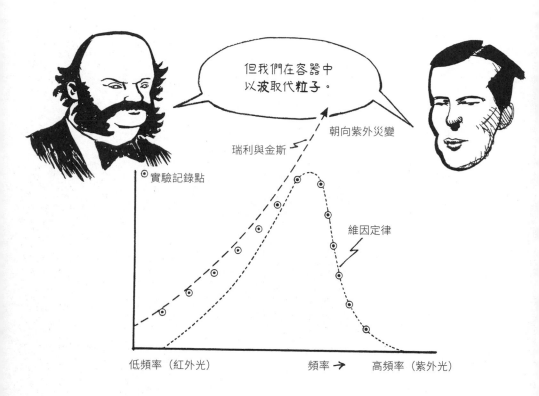

瑞利和金斯的方程式在**低頻率**時與實驗結果很吻合，但他們對高頻率區的結果十分震驚。古典理論預測了在**紫外光**以上的區域會出現**無限大的輻射強度**，如圖所示。這被稱為紫外災變。

這個實驗結果究竟意味著什麼？

哪裡出了問題？

瑞利與金斯的方程式顯然是錯誤的，否則，每個查看腔體的人（例如查看窯爐的威治伍德先生）……

我的眼球會燒起來！

紫外災變成了古典物理中嚴重的矛盾。

如果瑞利與金斯是對的，那麼我們即使只是坐在火爐前，都會很危險。

如果古典物理學家堅持己見，那麼餘燼浪漫的光芒很快就會變成威脅生命的輻射。總得想想辦法！

紫外災變

大家都同意瑞利和金斯的方法是可靠的。因此，檢視他們到底做了什麼、以及這些做法為什麼沒用，是有啟發性的。

頻率增加

1/2 個波

1 個波

1 又 1/2 個波

2 個波

以此類推

就像馬克士威在氣體粒子上使用能量均分定理，我們也對波使用統計物理學。也就是說，我們假設輻射的總能量平均分布在各種可能的振動頻率中。

然而波的情況有個很大的不同：波可以被激發的振動模式，是沒有限制的……

……因為當波頻不斷增高（也就是波長不斷變短）時，容器就更容易容納更多的波。

最後，該理論所預測的輻射量就沒有上限，並且會隨著溫度升高和頻率增加而不斷增強。

難怪會稱為**紫外災變**。

馬克斯·普朗克登場

普朗克的故事始於柏林的威廉皇帝學會物理系，就在 20 世紀到來之前。

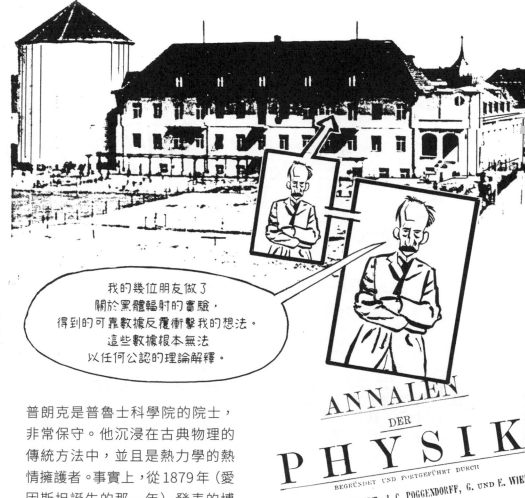

> 我的幾位朋友做了
> 關於黑體輻射的實驗，
> 得到的可靠數據反覆衝擊我的想法。
> 這些數據根本無法
> 以任何公認的理論解釋。

普朗克是普魯士科學院的院士，非常保守。他沉浸在古典物理的傳統方法中，並且是熱力學的熱情擁護者。事實上，從 1879 年（愛因斯坦誕生的那一年）發表的博士學位論文，到 20 年後他在柏林的教授生涯，他幾乎只致力於熱力學定律相關的問題。他認為熵的第二定律比一般所認為的還要更深入、廣博。

ANNALEN
DER
PHYSIK

BEGRÜNDET UND FORTGEFÜHRT DURCH

F. A. C. GREN, L. W. GILBERT, J. C. POGGENDORFF, G. UND E. WIE

VIERTE FOLGE.

BAND 17.

DER GANZEN REIHE 322. BAND.

KURATORIUM

F. KOHLRAUSCH, M. PLANCK, G. QUINC
W. C. RÖNTGEN, E. WARBURG.

UNTER MITWIRKUNG

DER DEUTSCHEN PHYSIKALISCHEN GESELLS

黑體問題的絕對性和普遍性吸引了普朗克。看來合理的論證表明，在熱平衡狀態下，輻射強度和頻率的關係曲線應該與腔體的大小或形狀無關，也應該與腔體的材料無關。該公式應該只包含溫度、輻射頻率和一個或多個通用常數，這些常數在任何腔體或腔體顏色下，都是相同的。

找到這個公式，就意味著在理論中發現一個相當根本的關係。

一旦找到了這個輻射定律，它將不只適用於特殊物體和物質，並且在所有時代和文化中都很重要……

即使不在地球上，即使與人類無關。

歷史已經證明普朗克的見解甚至比他所想的要深入得多。1990年，科學家使用 COBE 衛星測量了宇宙邊緣的背景輻射（即大爆炸遺留的輻射），並發現與他的黑體輻射定律完全吻合。

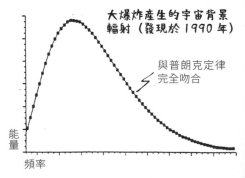

大爆炸產生的宇宙背景輻射（發現於 1990 年）

與普朗克定律完全吻合

能量

頻率

前原子時代的物質模型

普朗克知道他的朋友海因里希・魯本斯和費迪南德・科爾鮑姆的測量結果非常可靠。

對我來説，
殫精竭慮做腔體輻射的
理論計算變得很重要。

實驗腔體

普朗克假設存在於腔壁的振子

熱　　　　　　　　　更熱

普朗克首先在腔壁上引入電振子 * 的概念，在熱擾動下來回振動腔體壁。（**＊注意！此時對原子仍一無所知。**）

普朗克假定所有可能的輻射頻率都會出現。他也預期溫度更高時，**平均**輻射頻率也會增加，因為腔壁受熱會使振子振動得愈來愈快，直到達成熱平衡為止。

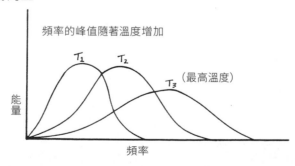

頻率的峰值隨著溫度增加

T_1　T_2

T_3（最高溫度）

能量

頻率

37

電磁學完整解釋了輻射的放射、吸收與傳播，卻沒有說明熱平衡時的能量分布。這是熱力學的問題。

普朗克做出了某些假設，找出振子的平均能量與熵之間的關係，從而得出一個計算輻射強度的公式，他希望這個公式能符合實驗結果。

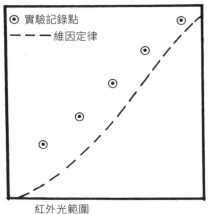

紅外光範圍

普朗克試著利用歸納的方式，改變對輻射熵的表達方式，最後得出了可描述整個頻率範圍輻射強度的新公式。

38

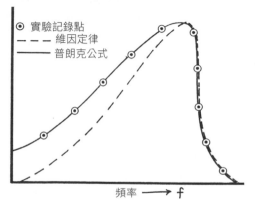

C1 和 **C2** 是普朗克為了讓公式符合實驗結果而選定的常數。

海因里希·魯本斯也參與了這場歷史性的研討會。他立刻回家將自己的測量結果與普朗克的公式比對。經過一整晚的努力,他發現數據與公式完全符合,隔天一早便通知普朗克。

普朗克找到了正確描述輻射定律的公式,很好。但他現在能利用這個公式,找出潛藏其中的物理嗎?

普朗克的困境

從我推導出輻射定律的那一天起，我就開始投入探索其中真正的物理意義。

嘗試了熱力學定律所有可能的傳統古典應用後，我絕望了。

得了吧，**老馬**！不要這麼頑固，這值得一試。

我被迫根據**波茲曼的概念**，思考熵與機率之間的關聯性。經過了我此生最緊張的幾個星期後，我開始看見一線曙光……

波茲曼基於機率所提出的熱力學第二定律統計版本，似乎是普朗克唯一的選擇。但他並不認同波茲曼統計方法隱含的假設，也就是允許熱力學第二律在受擾動時短暫失效

這道曙光就是

$$S = k \, \text{Log} \, W$$

（熱力學第二定律的波茲曼版本）

普朗克在 1900 年以前寫的 40 多篇論文中，從未使用過波茲曼的熱力學第二定律統計公式，甚至從未提過！

切割能量

於是，普朗克應用了波茲曼關於熵的三個概念。

1) 用來**計算**熵的統計方程式。

2) 在平衡狀態下，熵必須是最大（即完全無序）的這個條件。

3) 熵方程式中計算機率 **W** 的技巧。

為了計算各種可能排列的機率，普朗克遵循波茲曼的方法，將振子的能量分成任意微小而**數量有限**的小塊。因此，總能量被寫成 **E=Ne**，其中 **N** 是整數，**e** 是任意的微量能量。根據數學規則，隨著小塊在數量上趨近無限大，**e** 最終會變得無限小。

41

能量量子化

尤里卡！普朗克偶然發現了一種數學方法，最終為他基於實驗推導出的輻射定律提供了理論基礎——**前提是能量是不連續的。**

儘管他沒有理由提出這樣的想法，但他還是暫時接受了，因為他沒有更好的想法了。因此，他不得不假設 **e=hf** 的量值必須是有限值，並且 h 不為 0。

如果這是正確的，就必須斷定：振子不可能吸收和釋放連續值的能量。它一定是以不連續的方式獲得和失去能量，以 **e=hf** 這個微小且不可分割的單位進行，普朗克將這個單位稱為「能量量子」。

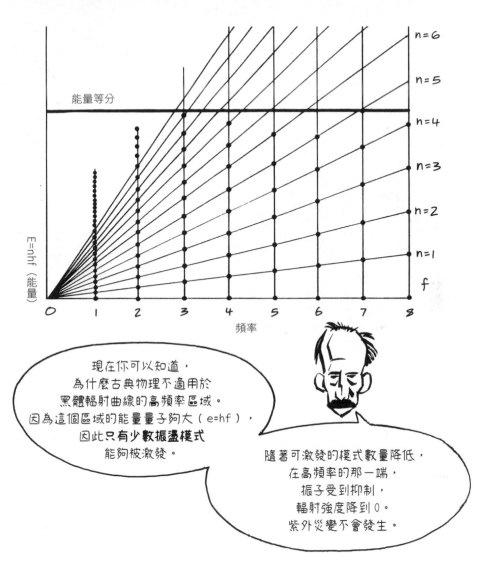

現在你可以知道，
為什麼古典物理不適用於
黑體輻射曲線的高頻率區域。
因為這個區域的能量量子夠大（e=hf），
因此只有少數振盪模式
能夠被激發。

隨著可激發的模式數量降低，
在高頻率的那一端，
振子受到抑制，
輻射強度降到 0。
紫外災變不會發生。

普朗克的量子關係式表示能量不能無止境地分割，並非所有模式都具有相同的總能量。因此我們不會被一杯咖啡曬傷。（想想看！）

瑞利－金斯的古典物理方法在低頻率範圍能夠運作良好，**所有**可用的振動模式都能被激發。但在高頻率範圍，即使有很多**可能**的振動模式（別忘了波長愈**短**愈容易塞進一個盒子裡），也沒有多少模式會被激發，因為根據 **e=hf**，要在高頻率時激發一個量子，需要的能量太大了。

1900 年 12 月 14 日的清晨，普朗克在散步時告訴兒子，自己可能完成了可與牛頓比擬的成果。當天稍晚，他在柏林物理學會發表他的結果，象徵著量子物理的誕生。

他只花了不到兩個月，就為他的黑體輻射公式找到解釋。諷刺的是，這是個意外的發現，源於不完整的數學計算。**物理學史上最偉大的革命之一，有著不光彩的開端！**

有了這個開端，便能了解為何在原子層級必須採用統計學的規則、為何原子不會一直發著光，還有為何原子裡的電子不會繞進原子核裡。

1901 年初，常數 h（如今稱為普朗克常數）首次被發表出來。這個數字很小——

h=0.00000000000000000000000000006626

——**但它不是 0 ！** 如果它是 0，我們就無法坐在火堆前。事實上，整個宇宙都會變得很不一樣。要對生命中的微小事物心存感激。

令人驚訝的是，儘管黑體公式既重要又具革命性，但在 20 世紀早期並沒有受到太大的注意。更令人驚訝的是，普朗克自己也不相信它的有效性。

> 我非常懷疑波茲曼的熵定律是否普遍有效，因此我花了多年的時間，試圖以比較沒那麼顛覆性的方式解釋我的成就。

不管怎麼樣，量子理論已經誕生。

現在我們要邁入第二個古典物理無法解釋的實驗了。它更簡單，卻引發了更深入的物理解釋。

光電效應

當普朗克仍苦惱於黑體問題時，另一位德國物理學家**菲利普‧萊納德**（1862-1947）正在將*陰極射線束*（之後很快就認出那是電子）聚焦在薄金屬片上。

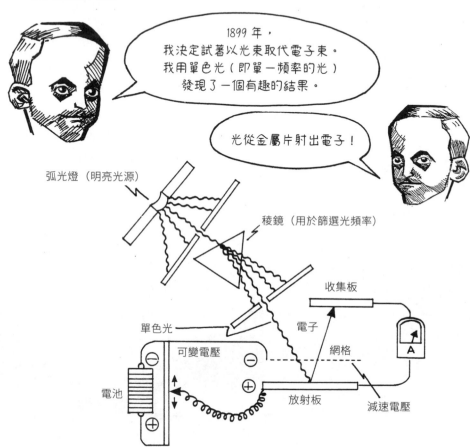

1899 年，我決定試著以光束取代電子束。我用單色光（即單一頻率的光）發現了一個有趣的結果。

光從金屬片射出電子！

弧光燈（明亮光源）

稜鏡（用於篩選光頻率）

收集板

單色光

電子

網格

可變電壓

電池

放射板

減速電壓

雖然十年前赫茲就注意到這個現象，但萊納德現在可以用簡單的電流迴圈測量這些*光電子*的部分性質。

射出的電子來自照光後的金屬板，稱為**放射板**，後由另一塊稱為**收集板**的板子接收。光電子的總電流由敏銳的電流測量器記錄，在圖中標記為 A。如果改變放射板和收集板之間的電位，或說**電壓**，會強烈影響測量到的電流。

當施加**減速**電壓時，電流會急劇下降，使收集電子的電極相對於發射的電極呈負極。（電子帶負電荷，會被負電壓阻擋。）若減速電壓達到一定值，在下圖中以 **Vo** 表示，光電電流完全消失。

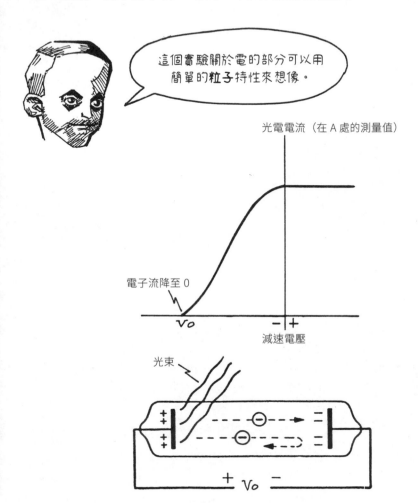

這個實驗關於電的部分可以用簡單的粒子特性來想像。

光電電流（在 A 處的測量值）

電子流降至 0

Vo

減速電壓

光束

+ Vo −

放射出的電子帶有特定的能量離開靶片，並且在從放射板到收集板的路程中，因為抵抗減速電壓而不斷失去能量。

被收集並形成電流的電子在最初放射時，帶有的能量必須至少大於 **qVo**（**q** 是電子的電荷）。這是眾所周知電子在電壓作用下的能量關係式。

古典的闡釋

直觀的解釋方式會斷定放射的電子一定是從照在金屬表面的**光束**中獲得動能。

古典的觀點認為,光波就像海浪一樣拍打金屬表面,而電子就像海灘上的碎石隨之移動。顯然,**照度更強**(也就是更明亮)的光,應該能**提供電子更多的能量**。

> 這與我的發現不符。
> 1902 年,我發現測量
> 減速電壓所得的電子能量,
> 和光照強度完全無關。

後續的實驗又發生另一個無法解釋的效應。光頻率若低於一個特定的**閾值**,無論多亮都**無法放射出光電子**。這的確非常奇怪,古典物理學家在此遇到了真正的麻煩。

愛因斯坦登場

這一次,解決問題的不是素富聲望、受人尊敬的大學教授,而是位於伯恩瑞士專利局的一名年輕職員。

1905 年,年僅 26 歲的愛因斯坦在同一年的《物理年鑑》中發表了三篇論文。

諾貝爾獎

這三篇論文包括光量子論文,也就是我們現在討論的問題;第二篇是證明原子存在的重要論文;第三篇則引入相對論,解決了電動力學和運動學中的重大問題。

愛因斯坦對於光電實驗的難題很熟悉,也知道普朗克的成果以及他的黑體輻射定律。然而他的方法完全是個人的,仰賴的是他自己對物理的統計方法,以及波茲曼對一團粒子的熵的表述。

伯恩克拉姆巷 49 號的小公寓

愛因斯坦和他的妻子米列娃（受過訓練的科學家）和年幼的兒子漢斯·阿爾伯特……

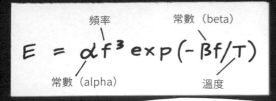

頻率 常數（beta）

$$E = \alpha f^3 \exp(-\beta f/T)$$

常數（alpha） 溫度

而且，妳應該也記得普朗克在柏林的同事
威廉‧維因提出的輻射公式，大家都認可
它在黑體輻射曲線的高頻率區域是成立的。

我記得。其實，普朗克的
輻射公式在高頻率時不是會
簡化成維因公式嗎？

很好，米列娃。

但我並不想用
普朗克的理論公式。

我寧願使用維因由實驗歸納出
的定律做為我研究的基礎，
我們知道他的定律在高頻率範圍
非常符合實驗結果。
我用的是現象學的方法，
嚴格來說不是理論推導的方法。

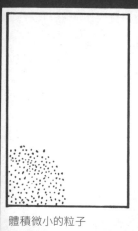

體積微小的粒子　　　體積微小的波

我用的是
我新發展出的擾動方法，
這是用來計算當一個系統
突然被壓縮得比原本的
整體體積小很多時，
熵會產生的變化。

用維因的公式可以很容易的
計算單色（也就是單一頻率）
輻射壓縮成微小的體積時熵的減少。
請注意，親愛的，這與理想氣體情況下，
粒子所占體積收縮造成的
熵減少非常類似。

但親愛的米列娃，對於粒子的結構或運動定律，我没有提出任何假設。
我只用了波茲曼版本的**熱力學第二定律**，也就是熵的公式 S=kLogW。
輻射的計算結果與壓縮理想氣體非常相似，
所以我能將兩者的指數等化，並得到一個簡單的答案……

$$E = n k \beta f$$

所以我的假設是這樣的……
在維因定律的有效範圍（也就是高頻率區域）中，
輻射的表現遵守熱力學，
就像是由彼此獨立的能量量子所組成，
其能量值為 $k\beta f$。換句話說，和光粒子一樣。

阿爾伯特，還有一件事。
我發現你的答案中有一個來自維因定
律的常數 β。但是，普朗克不是已經
證明 β 可以寫為他的常數 h
與波茲曼常數 k 的比值了嗎？

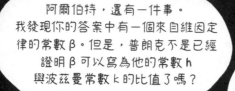

沒錯。
但我不想在我的論文裡
用到任何普朗克輻射定律的結論，
因為我不確定它的結果是否正確。
我提出的是**所有**光輻射的量子化。

而普朗克只考慮
空腔壁的振子。

如果你把維因的
β 拿掉會怎樣？

嗯……β=h/k，
所以 E=nhf。

如果我這樣做，會得到一個方程式，
其中輻射的能量等於**粒子數量乘以 hf 值**，
這清楚地表明了 hf 是輻射的量子。

這將意味著**所有的光與電磁輻射**
都是以能量束的形式在傳播，
其能量值為 hf。
這是比普朗克原先想的更普遍的法則！

54

你覺得《物理年鑑》會刊登這篇論文嗎？
它沒有確切地證明任何事，但我相信它對未來
的研究會很有幫助。

要不要在論文標題
用「啟發性」這個詞？
意思就是它並不是嚴謹的解答，
但提出了對未來發展的建議。

這樣你就可以
發表這篇論文，
並佯裝這並不是完全嚴謹的討論，
只是提出來以供進一步的探討。

好主意，親愛的。
我真的很感激妳協助我的
研究。我們想想……
這標題怎麼樣？

一個啟發性觀點：
關於光的自然本質。

聽起來
不錯！

愛因斯坦對光電效應的解釋

愛因斯坦在 1905 年發表的論文中提出，只要將光照輻射理解為粒子或光子的集合，就能輕易解釋光電效應難解的特性。如果光子能將能量轉移給靶材金屬上的電子，就有可能得出一個完整又簡單的圖像。一起來看看它是怎麼運作的……

如果假設入射光是由量值為 hf 的能量量子（光子）組成，則可以設想光用以下的方式激發出了電子。能量量子穿透了金屬電極靶的表層，能量至少有一部分轉換成了電子的動能，使得一些電子射出。

最簡單的想像方式，就是假設光量子將所有能量（hf）都傳遞給電子，然後電子在抵達金屬表面時失去了部分能量。

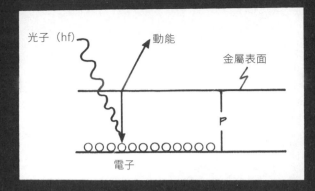

每個電子在射出之前，都必須依金屬的特性作一定量的功——P，才能進入自由空間。以**最大**的速度離開金屬表面的電子，即是位於表面附近的電子，它們獲得自由所需的功最小。電子的動能可以由下式得出……

動能＝hf（入射光子能量）－P（離開金屬所作的功）

如果要抵消電子的能量，將電子電流降為零（也就是讓能量最高的電子都無法射出），金屬板必須外加電壓 Vo，而式子會變成：

$$qV_0 = hf - P$$

這裡的 q 指的是電子電量。

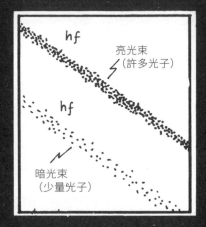

因此，愛因斯坦推導出了一個簡單的光電子方程式，可以在實驗室裡測試。而且，既然每一次的交互作用都產生同樣的光子─電子轉換，那麼觀測到的電子能量不隨著光強度的改變而變的現象，也就能夠很輕易地解釋了。光強度代表的是光子的**數量**，從而影響電子電流的量值，但不影響由光頻率決定的截止電壓 **Vo**。

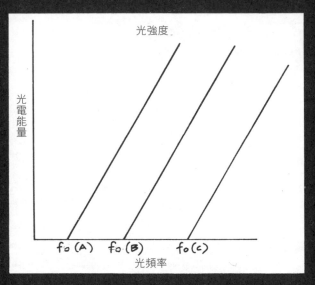

這一連串的討論以及這些簡單的方程式，得出了一個明顯的結果：最大延遲電壓 **Vo** 與入射光的頻率呈線性關係。因此依據過往傳統，如果能驗證這個線性（直線）關係，就能提供關鍵證據證明愛因斯坦的**光子**理論。這個實驗必須在幾種不同的入射光頻率下測量截止電壓 **Vo**，並繪圖觀察其線性程度。

密立根：固執的古典物理學家

1912 年至 1917 年間，**羅伯特・密立根**（1868-1953）在芝加哥大學的萊森實驗室工作，對愛因斯坦的方程式進行線性測試。他用了幾種不同的金屬靶，包括高活性的鈉，並且以各種頻率的光照射。

密立根的實驗技術無從挑剔，他甚至會將金屬置於真空中刮除表面，以避免氧化層影響結果。他**每次都取得了線性的實驗結果**……而這令他很失望。

一次又一次，V_0 與 f（頻率）的關係呈現線性，如同愛因斯坦所言。我無法相信！

我花了十年的時間，試著**推翻**愛因斯坦對於光電效應的解釋，因為在我看來，那打擊了古典的光波理論。

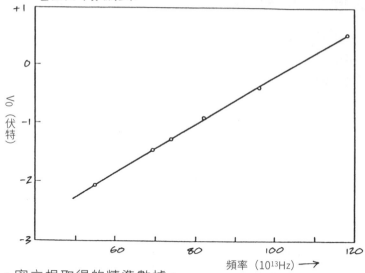

密立根的實驗結果

然而，密立根取得的精準數據，以及近乎完美的線性度，只更加確立了愛因斯坦的解釋。事實上，這最終使密立根獲得了諾貝爾獎。

這和我所有的期待相反，儘管並不合理，我還是必須宣稱它有明確的實驗驗證。

這個假說之所以被提出，完全是因為它提供了解釋，充分說明射出電子的能量與光強度無關而取決於光頻率的這個事實。我能理解就連愛因斯坦本人也不再接受它。

這是 1910 年代的物理學家非常典型的情緒反應。顯然，對普朗克與愛因斯坦而言，預測了量子化的輻射並非一場大勝利。

事實上，我們的工作在這個時期完全被忽略了。

倫琴

20 世紀初，更多令人興奮的發現轉移了物理學家對光輻射問題的注意，像是貝克勒和居禮夫婦發現了放射性，以及德國的倫琴所發現的神奇 X 射線。

貝克勒

居禮

此時的普朗克本人不只不願接受愛因斯坦的結果，也否定自己在光量子上的革命性成果。然而，他對愛因斯坦的相對論印象深刻，因此寫信給普魯士科學院，支持愛因斯坦加入。但他覺得必須為光子理論道歉……

雖然他的推測有時候會失準，例如他的光量子假說，但不能因此真的反對他。因為要在最精確的科學中引入天翻地覆的新構想，不可能不偶而冒險。

明線光譜

我們現在準備要進入第三個古典物理無法解釋的實驗——明線光譜。記得這些……

黑體輻射（由普朗克提出解釋）
光電效應（由愛因斯坦提出解釋）
明線光譜（將由波耳提出解釋）

150 年來，歐洲的各物理實驗室累積了許多關於氣體放射光的準確觀測結果。許多人相信其中隱藏著原子的祕密。但要怎麼解讀這麼大量的訊息以在一片混亂中理出秩序？這就是挑戰所在。

早在 1752 年，蘇格蘭物理學家托馬斯・梅爾維爾便開始把裝有不同氣體的容器放在火焰上，研究放射出的亮光。

> 我在我的眼睛和火焰之間放置了一片帶圓孔的紙板……然後用稜鏡檢視這些不同光線的組成。

梅爾維爾的發現相當驚人。他發現，來自熱氣體的光通過稜鏡後產生的光譜，與眾所周知的發光固體所產生的那種彩虹般的光譜完全不同。

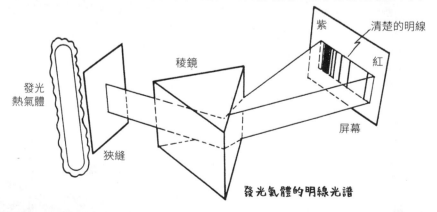

發光熱氣體　狹縫　稜鏡　紫　清楚的明線　紅　屏幕

發光氣體的明線光譜

62

放射光譜

若透過窄小的狹縫查看，受熱氣體的光譜是由**清楚的明線**組成，每條明線會呈現光譜在該位置的顏色。不同氣體會有不同的光譜分布。

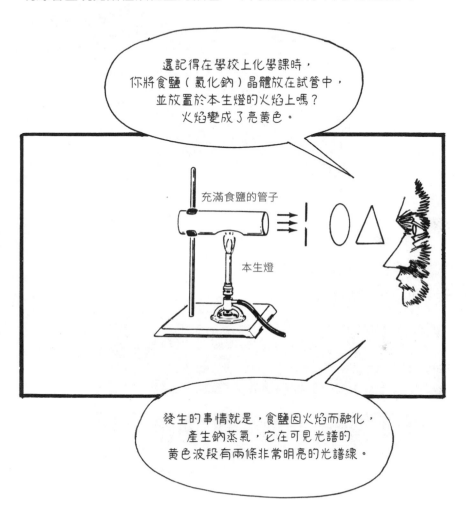

還記得在學校上化學課時，
你將食鹽（氯化鈉）晶體放在試管中，
並放置於本生燈的火焰上嗎？
火焰變成了亮黃色。

充滿食鹽的管子

本生燈

發生的事情就是，食鹽因火焰而融化，
產生鈉蒸氣，它在可見光譜的
黃色波段有兩條非常明亮的光譜線。

我們（和其他動物）的眼睛具有整合能力，因此我們無法看到這些光譜線，只能看到不同顏色混合的結果（例如氖氣的紅，氮氣的淡藍色等等）。以鈉為例，眼睛混合了兩條黃色線條，火焰看上去就像熾熱的黃水仙花瓣。

使用稱為*光譜儀*的靈敏設備，可以拍下**汞**氣（來自蒸發的液體）和**氖**氣清晰且容易辨識的明線圖案。

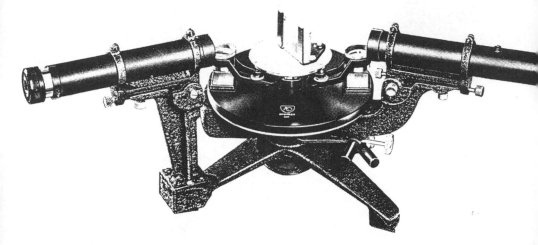

事實上，元素的光譜圖案相當明顯，也可以精準測量，至今仍未發現有哪兩種元素擁有相同的明線組合。光譜可以用來辨識**未知**氣體，像是從太陽的光譜中發現氦氣那樣。但在說明這個驚人發現之前，要先說明光譜中的**暗線**。

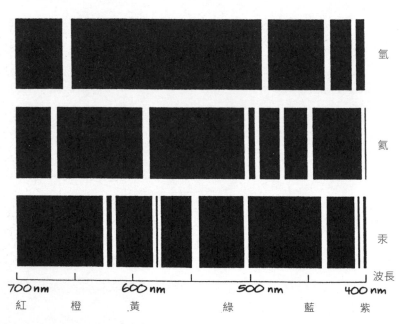

氪

氖

汞

波長

700 nm		600 nm		500 nm		400 nm
紅	橙	黃		綠	藍	紫

吸收光譜（暗線）

這三張圖呈現了如何觀察這兩種不同的光譜型態。

1) 包含所有頻率的「白光輻射」由熱固體（如燈泡中受熱的燈絲）放射出來，在通過狹縫後進入三稜鏡較細的一端，然後在屏幕上顯現出**連續光譜**（彩虹般的光譜）。

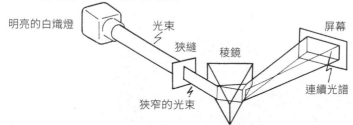

2) 同樣的實驗配置，但以**熱氣體**取代**熱固體**做為光源。現在屏幕上顯現的是**明線光譜**，每條線都是狹縫的形狀。

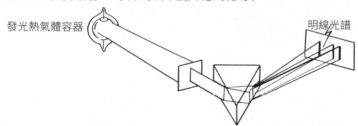

3) 現在，**新的配置**。回到第一個實驗，熱固體放出的輻射包含了所有頻率。將氣體容器放在光源與狹縫之間，不過這次，氣體並未加熱⋯⋯是冷的。

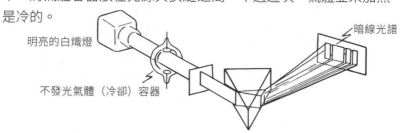

現在注意看看屏幕。**暗線光譜**出現了，其中缺失的線正好對應到前一個實驗中熱氣體產生的**明線**。

可以得出一個簡單的結論。冷卻（未激發）的氣體*吸收*特定頻率的光，其頻率和氣體受熱所*放射*的光一樣。在氣體中必須存在某種可逆的能量狀態，也就是*能吸收*也能*釋放*能量。很有意思⋯⋯

夫朗和斐譜線

這些都非常費解，但也同樣令人振奮，因為在發射光譜和吸收光譜中，這些譜線出現的頻率（波長）永遠相同。透過這些譜線，物理學家取得了既精準又可再現的純元素資訊。

1814 年，**約瑟夫・馮・夫朗和斐**（1787-1826）發明了第一臺**分光鏡**，將稜鏡與小型觀察望遠鏡結合起來，望遠鏡聚焦在遠處的狹縫上。隨後，他利用這臺儀器觀察太陽的光譜，並且看見了……

……幾乎數不清的線，這些線比其他彩色區域還要黯淡，有些看起來幾乎是全黑。

我確信這些線條是來自太陽光的本質，而不是視覺錯覺造成的。

太陽光譜上的這些暗線於是被稱為**夫朗和斐譜線**，並成為天文物理光譜學的基石。

氦的發現

幾年後，**古斯塔夫·克西荷夫**（1824-87）在研究這些暗線時，使用了一種巧妙的方法。他將食鹽（NaCl）溶液測出的亮黃色線疊加到夫朗和斐的太陽光譜上，結果完全吻合。這證實了暗線是來自於太陽周圍外部大氣中的鈉和其他元素的冷蒸氣。

確認太陽光譜中的譜線圖樣，就能知道太陽周圍的大氣存在哪些元素。

當有人發現一個明顯不同的、之前沒有觀察到的圖樣時，地球上的實驗室開始研究這種神祕氣體。

放射光譜

這種難以捉摸的元素（一種無臭、無色、化學惰性的氣體）最終被偵測並分離出來，並被適切地命名為**氦（helium）**，取自希臘語的「太陽」（helios）一詞。

氫：原子結構的測試案例

當然，這些線譜一定揭露了關於原子內部結構某些非常基本的東西。但那是什麼？需要更深入的檢驗。

物理學家在設法找出特徵明線與某種原子結構理論之間的連結時，選擇檢驗**氫**的光譜，這並不足為奇，因為氫是所有元素中最簡單的原子。

早在 1862 年，瑞典天文學家**安德斯·約納斯·埃格斯特朗**（1814-74）就精確測量了氫的四條最明顯的譜線，它們都位於可見光譜中。

巴耳末：瑞士的學校老師

1885 年，瑞士的數學老師**約翰·雅各布·巴耳末**（1825-98）花了好幾個月研究氫原子可見光譜的譜線頻率數值後，公布了他的研究結果。

我只是提出這些原始數據的初步架構，不涉及真正的物理學，而單純只是數字學。

巴耳末奇蹟似地發現了一個包含所有數值的公式，該公式**幾乎完全正確地預測**那四條氫原子可見光譜線的頻率，以及之後獲得驗證的紫外光範圍譜線。

芮得柏常數

$$f = R \left(\frac{1}{n_f^2} - \frac{1}{n_i^2} \right)$$

利用這個方程式，當巴耳末將 n_f（最終）選定為 2，n_i（起始）＝ 3、4、5 和 6，並且給定 **R** 值為 3.29163×10^{15} 周／秒，便能預測出四條氫原子譜線的頻率，並且與測量最為吻合。

下方表格呈現的是巴耳末公式算出的值與實際測量值的比較。

氫原子放射光譜（巴耳末，1885 年）

實驗數據		巴耳末公式計算結果	
波長	頻率	頻率	n_i 值
（奈米＝ 10^{-9}m）	（10^6Mhz）	（10^6Mhz）	（n_f ＝ 2）
656.210（紅）	457.170	457.171	3
486.074（綠）	617.190	617.181	4
434.01（藍）	691.228	691.242	5
410.12（紫）	731.493	731.473	6

看看實驗得出的頻率，和我用我的方程式計算出的頻率極度吻合！

這個準確率好得**不像真的**！他的方程式背後一定藏著什麼根本性的東西。或許原子遵循的某些物理定律產生了這樣的方程式。

同時，巴耳末還預測紫外光和紅外光的頻率範圍內有更多譜線，這些譜線在那時甚至還無法測量。他用不同的 n_f 值預測了好幾個系列的譜線。

巴耳末的方程式預測了無限多條譜線……而且就如你所看到的頗為正確！但這是否能導出新的理論，仍有待觀察。

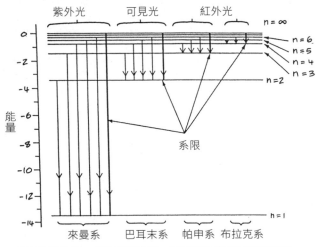

箭頭長度愈長，光的頻率愈高。不同譜系的起源如圖所示。

巴耳末公式得出的氫原子頻率

巴耳末推斷當 n_f 值不為 2 時，存在更多氫原子譜線。舉例來說，n_f = 1 會在紫外光範圍得出一個新譜系，n_f = 3 和 4 則會在紅外光範圍得出新的譜系。

氫原子譜系表格（巴耳末方程式）

n_{final}	$n_f = 1$	$n_f = 2$	$n_f = 3$	$n_f = 4$
$n_{initial}$	$n_i = 2,3,4,5,6\ldots$	$n_i = 3,4,5,6,7\ldots$	$n_i = 4,5,6,7,8\ldots$	$n_i = 5,6,7,8,9\ldots$
光波段	紫外光	可見光	紅外光	紅外光
發現年份	1906-14	1885	1908	1922
發現者	來曼	巴耳末	帕申	布拉克

這些序列強烈暗示存在著某種能量圖，因為一個原子對光的**放射／吸收**一定對應到該原子能量的**減少／增加**。左圖顯示了巴耳末公式是如何像表格那樣，以不同的數值展開每一個序列，來預測光譜線的頻率。

巴耳末公式得出的的氫原子頻率（左頁圖）

這個資訊對任何原子理論都很關鍵。代入不同的整數，可以精確的求得射出輻射的頻率，所以整數的變化可能表示原子的某些部分發生重整了。

在 1890 年代，沒有人對原子的組成有任何概念。然而似乎很顯然，一個成功的原子理論，必須以某種有意義的方式，納入巴耳末的神奇公式。

電子的發現

19 世紀，就在舉世聞名的劍橋大學卡文迪許實驗室聖殿，一位偉大的古典物理學家 **J. J. 湯姆森**（1856-1940）開始剖析原子。

事實上，在 19 世紀的最後五年間，人們發現有其他所謂的*射線*表現出了*粒子*的行為。α、β 射線變成了 α、β 粒子。下一步是看看這些粒子如何組成原子。

聖誕布丁原子

湯姆森和克耳文爵士建構了一個原子模型（可能是在聖誕節期間），
將負電子鑲嵌在均勻的正電荷圓球中，就像布丁裡的葡萄乾一樣，並
且符合一般的古典物理假設：

原子放出的輻射必須
以馬克士威的
電磁理論來描述。

原子的動力學
應該遵循
牛頓運動定律。

葡萄乾蛋糕原子模型。
帶負電的電子（葡萄乾）鑲嵌在均勻的正電荷圓球（蛋糕）中。

儘管這個構想廣為人知，但本質上
並不堅實，而且毫無進展。

然後，大約在 1907 年，一位更富想
像力，甚至有點反骨的古典物理學
家，登上了舞臺中央。**歐尼斯特·
拉塞福**（1871-1937）就讀劍橋大
學時是湯姆森的學生，當時則是曼
徹斯特大學的物理教授，研究放射
性這個新興研究領域。

拉塞福的核原子

儘管拉塞福本質上是熱情的實驗學家，但如果出現他能看見並理解的可靠測量結果，他也隨時準備好研究理論模型。

他和他的研究生密切合作，經常在實驗室邊走邊唱《我做基督兵丁》來鼓勵他們。

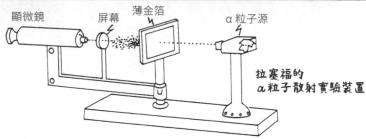

顯微鏡　　　屏幕　　薄金箔　　　α 粒子源

拉塞福的
α 粒子散射實驗裝置

1908 年，拉塞福正在進行他關於放射性 α 粒子的研究計畫時，想到這些大質量、帶正電的粒子可能是研究原子結構的理想探測器。拉塞福與德國學生**漢斯·蓋革**（1882-1945）於是共同著手，用薄金箔來研究 α 粒子的散射，並透過顯微鏡觀察單個 α 粒子撞擊螢光屏幕時產生的微小閃光。

兩三天後……

瑪斯登觀察到
一些折返的 α 粒子！

這是我此生最難以置信的事！
這幾乎像是你朝一張衛生紙
發射 15 英吋的砲彈，
然後砲彈反彈回來打到你！

α 粒子
背向散射

薄金箔

打到屏幕
並放出光

α 粒子源

蓋革與瑪斯登的
α 粒子金箔散射實驗

屏幕

之後，在他的研究中……

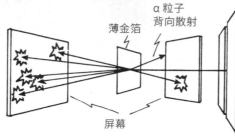

這個背向散射一定來自於
單次碰撞的結果……
但如計算結果所示，除非原子
絕大部分的質量都集中在
一個微小的核心，
不然不可能達到那個程度。

電子

帶正電的核

原子一定有一個小得不
可思議但質量很大的核
心，並帶有正電荷。

這些實驗和拉塞福的解釋，標
誌著現代原子核模型的開端。

原子核的尺寸

這些散射實驗有個次要結果：原子核的尺寸是可以估算的。如果一個 α 粒子**直接**朝著原子核前進，在接近過程中，動能會轉變成電位能，並且逐漸慢下來直到停止。最接近時的距離可以用能量守恆定律來計算。

原子大部分是空的，原子核只占據了其中約十億分之一的空間！

因此，大多數 α 粒子或其他發射粒子（如原子、電子或中子），都能夠穿透具有數千層原子的金屬箔或氣體，偶爾才會發生巨大反向偏轉。所以蓋革和瑪斯登必須像大多數優秀的科學家一樣有耐心，才能在曼徹斯特大學發現背向散射。

這個核原子模型成功解釋了散射現象，但同時也帶來了許多新問題。

電子相對於
原子核的
排列方式為何？

原子核的組成是什麼？
如何避免因正電荷的
斥力而爆開？

負電子為何不會
因電荷吸力而掉入
帶正電的原子核？

為了回答這些問題，
我提出一個行星原子模型，
其中電子環繞著微小的原子核。
電荷吸力提供了向心力，
使電子在軌道上持續繞行。

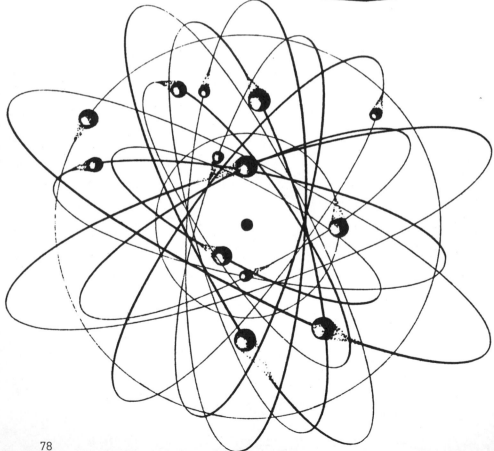

然而這又給他帶來了另一個問題⋯⋯

如果電子就像微型太陽系裡的行星般，
以圓形軌道繞行原子核（並因此加速），
那為何不會像古典電磁理論
所預測的那樣，持續放出輻射？

電子會
在幾分之一秒內
失去所有能量。

拉塞福的模型
並不穩定。

將一組謎團般的實驗結果解釋得宜的模型，
怎能寄望它也能處理其他謎團。

我們需要額外的假設來完成這個圖像，
特別是關於原子結構的細節。

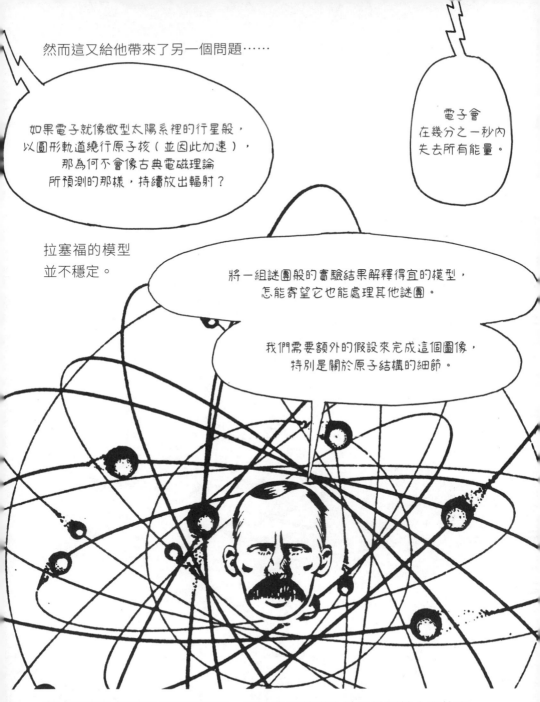

至少原子的樣貌已經開始出現。下一步仍然發生於曼徹斯特大學拉塞
福的團隊，當一位剛從劍橋大學轉來的年輕丹麥學生加入後⋯⋯

量子英雄尼爾斯 · 波耳的到來

1912 年，在拉塞福位於曼徹斯特大學的實驗室中，「丹麥偉人」為了徹底理解量子物理，開始孜孜不倦地研究了 50 年，直到 1962 年逝世。

在這項偉大的研究中，沒有人可以與波耳相提並論，即使是愛因斯坦也不行。他是量子物理學的鼻祖，提出許多初步的概念，所有對量子理論發展有貢獻的人，幾乎都和他合作過。

1911 年他來到英國時，帶著一本大字典和狄更斯全集以學習英語。儘管波耳的語言能力有限，但他很有自信，工作努力的程度令人難以置信。

我一開始是在卡文迪許實驗室跟著 J.J. 湯姆森研究，但我和這位偉人處不好。

尤其是他告訴我對我的布丁原子模型有多失望之後。

哥本哈根

荒涼山莊

劍橋

曼徹斯特

然後波耳在卡文迪許的一場晚宴上遇到了拉塞福，拉塞福大力讚賞**他人**的工作，令波耳印象深刻。

波耳抵達曼徹斯特時，拉塞福的新行星原子應用正如火如荼地展開。他沒有被拉塞福模型的限制給嚇退，直覺告訴他，反正古典力學不適用於原子內部。他知道普朗克和愛因斯坦在光輻射方面的研究非常重要，而不僅僅是德國人的一個高明構思。

很快的在 1912 年夏天，波耳就準備了一份草稿給拉塞福。這份名為〈關於原子與分子的組成〉的草稿直接面對原子穩定性的問題。

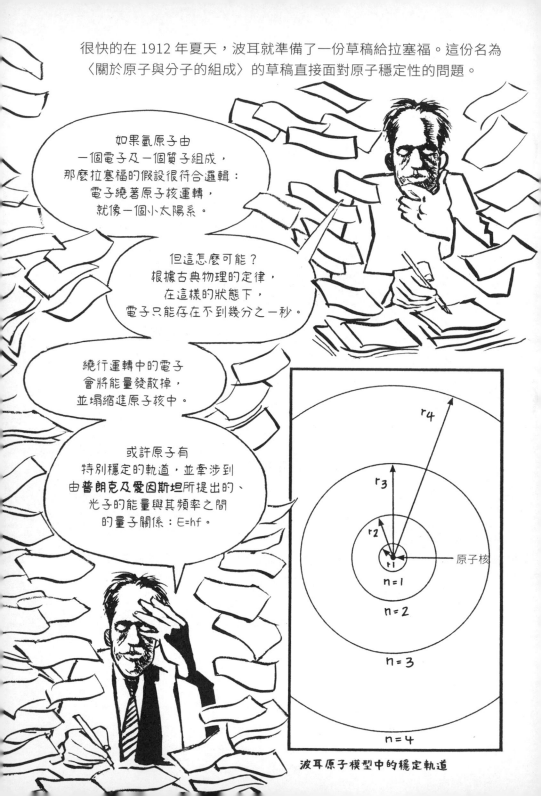

如果氫原子由一個電子及一個質子組成，那麼拉塞福的假設很符合邏輯：電子繞著原子核運轉，就像一個小太陽系。

但這怎麼可能？根據古典物理的定律，在這樣的狀態下，電子只能存在不到幾分之一秒。

繞行運轉中的電子會將能量發散掉，並塌縮進原子核中。

或許原子有特別穩定的軌道，並牽涉到由**普朗克及愛因斯坦**所提出的、光子的能量與其頻率之間的量子關係：$E=hf$。

r_4

r_3

r_2

r_1

原子核

$n=1$

$n=2$

$n=3$

$n=4$

波耳原子模型中的穩定軌道

1913 年初，波耳發現了巴耳末提出的公式，迎來重大突破。在那之前，他甚至想都沒想過光譜。

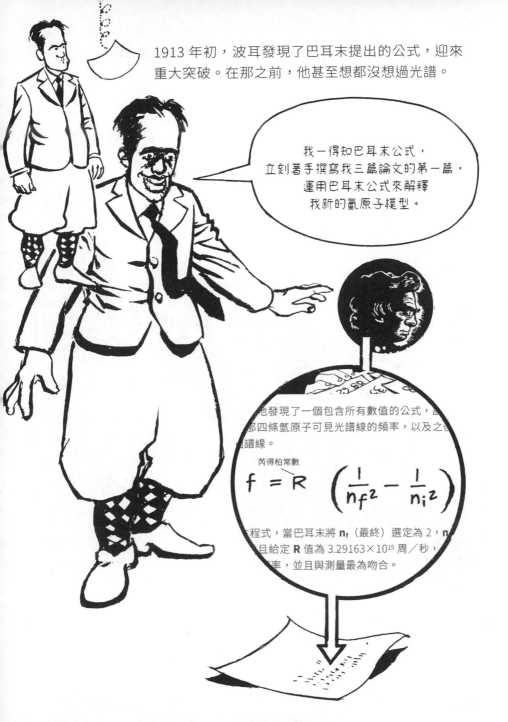

我一得知巴耳末公式，立刻著手撰寫我三篇論文的第一篇，運用巴耳末公式來解釋我新的氫原子模型。

他發現了一個包含所有數值的公式，⋯那四條氫原子可見光譜線的頻率，以及之⋯譜線。

芮得柏常數

$$f = R\left(\frac{1}{n_f{}^2} - \frac{1}{n_i{}^2}\right)$$

⋯程式，當巴耳末將 n_f（最終）選定為 2，n_i⋯且給定 **R** 值為 3.29163×10^{15} 周／秒，⋯率，並且與測量最為吻合。

這個事件標註了原子結構的量子理論的起始。

波耳與尼柯森的相遇：角動量量子化

1912 年，我在劍橋大學認識的一個人 —— **約翰·尼柯森**發表了一篇論文，提出原子中的電子所具有的角動量量值這個重要的想法。

如果普朗克常數 h 具有原子的意義，可能意味著當電子離開或返回時，粒子的角動量只能以離散的量值上升或減少。

約翰·尼柯森（1881-1955）提出角動量量子化，並計算出氫原子的正確角動量值 **L=mvR=n(h/2π)**。

波耳此時的工作似乎還用不上尼柯森提出的構想，但事後證實它很重要，因此我們應該好好了解角動量。

第一：線性動量

在日常語言中，我們用「動量」來表達物體動了起來之後要再停下來的困難度。在物理上，動量的意義也是如此。在無摩擦力的線性或直線系統中，**運動中的物體會持續運動，除非受到外力作用**。這稱為動量守恆定律，伽利略領悟到這件事時，牛頓甚至還沒出生。

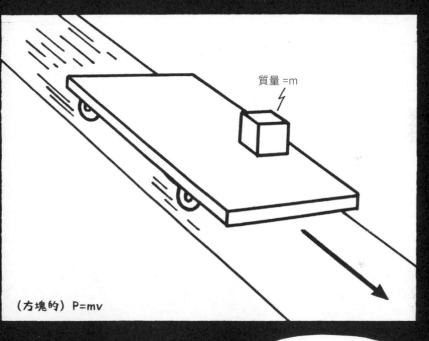

（方塊的）P=mv

質量 =m

線性動量的數值定義
就是物體的質量與速度乘積：
P=MV（線性動量）。

第二：角動量

*旋轉*系統裡的物理也很類似。當一個物體在一個封閉、無摩擦力的軌道上轉動時，會持續以**固定的角動量**轉動，除非受到外力矩作用。角動量量值的定義就是物體的質量、速度以及軌道半徑的乘積……

$$L = m \, v \, r \quad \text{(角動量)}$$

這裡的 **m** 是指物體的質量，**v** 是指物體繞行軌道的速度。

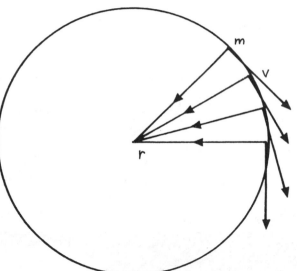

固定的角動量（不受力矩作用）

在波耳的模型中，如果電子從能量基態受到激發，只能「躍遷」到角動量增加或減少 h/2π 整數倍的軌道。

這是我的模型的核心前提……以普朗克常數為單位，將原子的電子軌道量子化。

波耳的量子假設

波耳為了說明原子有穩定的電子軌道，提出兩個新假設。第一，他反駁了古典物理對於核原子模型的反面意見。

波耳的第一個假設

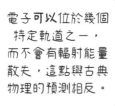

電子可以位於幾個特定軌道之一，而不會有輻射能量散失，這點與古典物理的預測相反。

這些軌道稱做**定態**，它們的軌道角動量各自不同，可以用下式求得……

$$L = m v r = n (h / 2\pi)$$

這是軌道的量子條件

定態的電子準備做量子躍遷

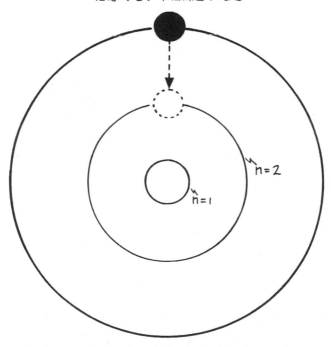

$n = 2$

$n = 1$

角動量 L 不能像古典物理常見的狀況那樣是**任意**值，而只能是特定的值。第一層軌道是 **L=1(h/2π)**；第二層軌道是 **L=2(h/2π)**；第三層是 **L=3(h/2π)**……以此類推。只有角動量為量子化單位 **h/2π** 的整數倍時，該軌道才可能存在。（整數 **n** 稱為**主量子數**。）

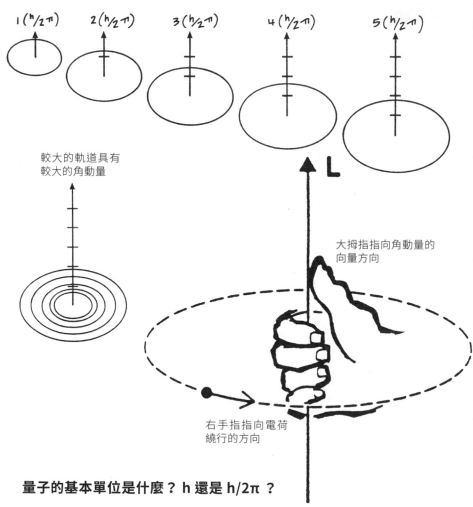

1(h/2π)　　2(h/2π)　　3(h/2π)　　4(h/2π)　　5(h/2π)

較大的軌道具有
較大的角動量

L

大拇指指向角動量的
向量方向

右手指指向電荷
繞行的方向

量子的基本單位是什麼？h 還是 h/2π？

一開始我們看見光只能以精細劃分下的特定能量單位 **E=hf**（頻率）存在。現在我們發現角動量也是量子化的，但單位是 **h/2π**。所以，差別是什麼？**2π** 這個因子是哪裡來的？為什麼角動量的量子化和能量不同？這耐人尋味的問題，即將獲得解答！

結合古典與量子物理

如果我們已經知道一個繞行中的物體的角動量——在這個假定的狀況下，使用古典物理很容易就能計算這個軌道的半徑與能量。波耳依據他對牛頓的太陽系行星模型所做的推導，得出了描述電子軌道半徑的公式……

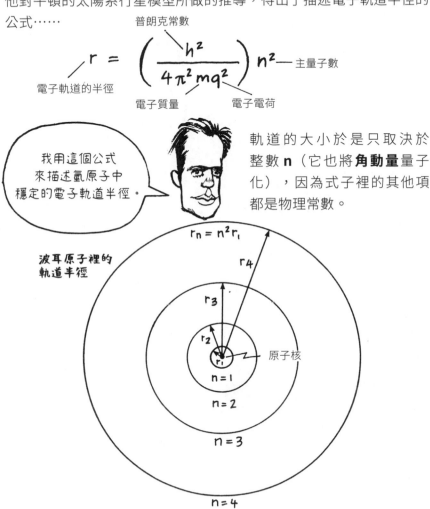

普朗克常數

$$r = \left(\frac{h^2}{4\pi^2 mq^2} \right) n^2 \text{—— 主量子數}$$

電子軌道的半徑

電子質量   電子電荷

我用這個公式來描述氫原子中穩定的電子軌道半徑。

軌道的大小於是只取決於整數 **n**（它也將**角動量**量子化），因為式子裡的其他項都是物理常數。

波耳原子裡的軌道半徑

$r_n = n^2 r_1$

r_4

r_3

r_2

r_1 原子核

n = 1

n = 2

n = 3

n = 4

n=1 時的軌道半徑是最小的，其數值為 5.3×10^{-11} 公尺，或說 0.053 奈米。這個數值非常接近現今根據實際測量估算出來的原子尺寸。在軌道半徑為這個值（稱為*波耳半徑*）的情況下，氫原子的能量是最小的，原子處於**基態**。

波耳的第二個假設

延續他將原子類比為迷你太陽系的構想，波耳可以輕易在已知各軌道半徑的情況下，計算出軌道的能量。接著他可以利用各定態之間的**能量差異**，判斷放出或吸收的光頻率。這帶來了他的*第二個假設*……

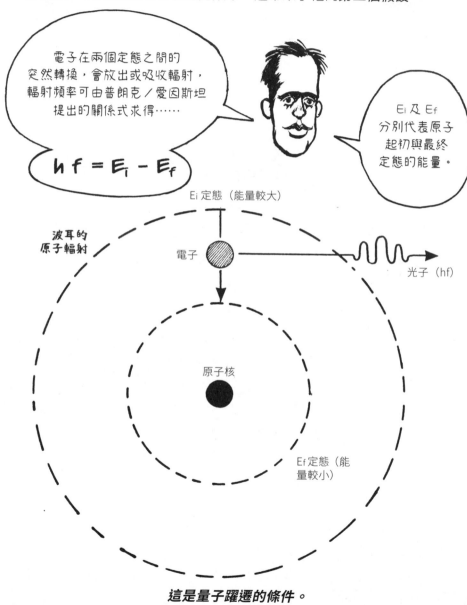

電子在兩個定態之間的突然轉換，會放出或吸收輻射，輻射頻率可由普朗克／愛因斯坦提出的關係式求得……

$$hf = E_i - E_f$$

E_i 及 E_f 分別代表原子起初與最終定態的能量。

E_i 定態（能量較大）

波耳的原子輻射

電子

光子（hf）

原子核

E_f 定態（能量較小）

這是量子躍遷的條件。

波耳推導出巴耳末公式

有了這些假設，波耳嘗試用自己的新原子模型來推導巴耳末公式（已知可得出正確的氫原子譜線數值）。他將古典與量子物理結合，得出了……

$$f = \frac{2\pi^2 mq^4}{h^3}\left(\frac{1}{n_f^2} - \frac{1}{n_i^2}\right)$$

這和巴耳末從氫原子頻譜得出的公式完全一樣，只要證明巴耳末公式裡的 R（稱為芮得柏常數）能替換成這個形式：$R=(2\pi^2 mq^4/h^3)$。

利用在 1914 年得出的 **q**、**m** 及 **h** 值，波耳計算出 **R=3.26×10¹⁵** 週／秒，和巴耳末的 R 值相差百分之幾。

波耳以電子繞行原子核的物理理論為基礎，**推導出了巴耳末公式**（已知可得出正確的氫原子譜線數值）。這是個卓越的成果。

波耳如今可以利用原子的物理軌道，畫出能量的圖像，並呈現出各種譜系是怎麼產生的。這位來自丹麥的年輕人是否解開了原子結構中的謎團？他的模型能適用於所有的元素（*也就是預測譜線*）嗎？

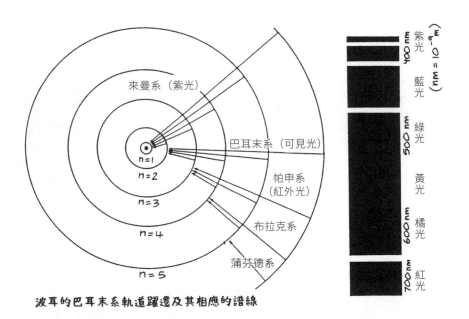

波耳的巴耳末系軌道躍遷及其相應的譜線

更深入探究光譜⋯⋯以及更多譜線

不久後，即使是最簡單的氫原子也出現了額外的譜線，波耳的模型於是受到了挑戰。可以更仔細的測量氫光譜之後，原子模型顯然需要更多結構。比起波耳只有一個量子數的簡單圓軌道，電子似乎有更多可能的定態。但一位著名的理論物理學家前來救援。

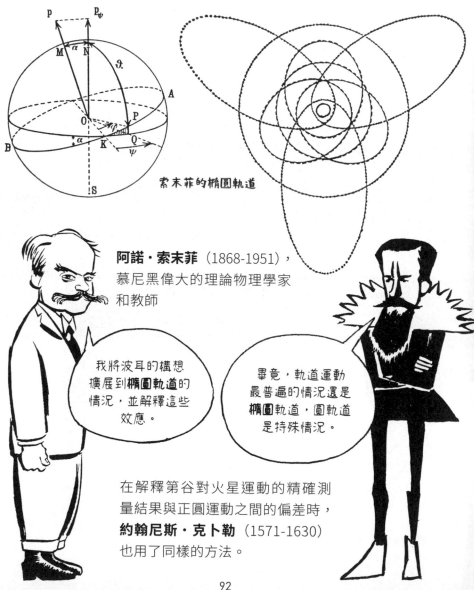

索末菲的橢圓軌道

阿諾・索末菲（1868-1951），
慕尼黑偉大的理論物理學家
和教師

我將波耳的構想擴展到**橢圓軌道**的情況，並解釋這些效應。

畢竟，軌道運動最普遍的情況還是**橢圓**軌道，圓軌道是特殊情況。

在解釋第谷對火星運動的精確測量結果與正圓運動之間的偏差時，**約翰尼斯・克卜勒**（1571-1630）也用了同樣的方法。

另一個量子數加入：k

儘管第一次世界大戰已經爆發，索末菲那篇描述 **n** 值相同但形狀不同的橢圓軌道的論文，仍祕密從慕尼黑送往哥本哈根。

這導致不同能量值的定態，
彼此間會有稍大或稍小的能量轉換……
並產生許多條譜線。

同樣的，這只能容許特定值的軌道形狀。引入的另一個量子數 **k**……也是以 **h/2π** 為單位量子化。

塞曼效應⋯⋯和更多線條

早在 1890 年代，荷蘭人**彼得・塞曼**（1865-1943）就證明，把被激發的原子置於磁場中時，就會出現額外的譜線，這種現象稱為「塞曼效應」。任何真正的原子理論都必須能解釋這種現象。而索末菲有答案。

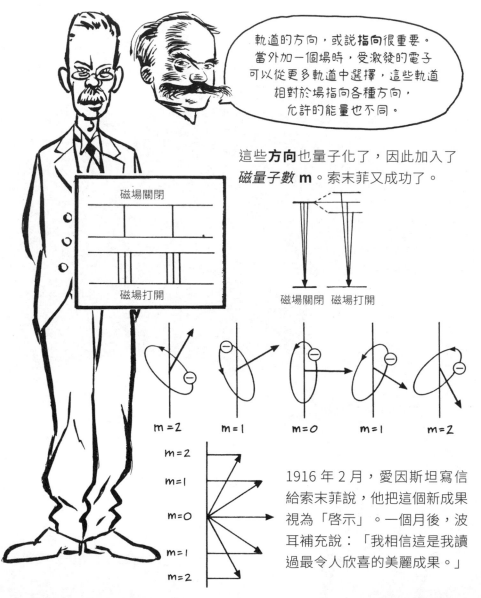

軌道的方向，或說**指向**很重要。當外加一個場時，受激發的電子可以從更多軌道中選擇，這些軌道相對於場指向各種方向，允許的能量也不同。

這些**方向**也量子化了，因此加入了**磁量子數 m**。索末菲又成功了。

磁場關閉　磁場打開

磁場關閉

磁場打開

m=2　m=1　m=0　m=1　m=2

m=2
m=1
m=0
m=1
m=2

1916 年 2 月，愛因斯坦寫信給索末菲說，他把這個新成果視為「啓示」。一個月後，波耳補充說：「我相信這是我讀過最令人欣喜的美麗成果。」

94

三個量子數：n、k、m

有了索末菲的算式，波耳根據軌道的大小（**n**）、軌道的形狀（**k**）和軌道的指向（**m**）這**三**個量子數，制定了一系列原子躍遷的選擇定則。

現在，每個獨立的能量態都可以分配到一組整數 **n**、**k** 和 **m**，並且這些能量態之間的躍遷會產生可觀測的譜線。

喔！不！
這沒完沒了嗎？

波耳－索末菲的方案現在足以解釋氫原子光譜中觀測到的**所有**譜線了嗎？不，不完全可以。還是少了一些東西。還需要另一個量子數才能完整解釋磁效應。

包立：異常塞曼效應、電子自旋與不相容原理

波耳－索末菲軌道的一大成就，就是能解釋磁場造成的譜線分裂（1894 年由塞曼發現）。但後來磁場卻產生更多譜線，難倒了物理學家。他們稱之為**異常塞曼效應**（AZE）。

但這一點都不異常。
他們只是無法理解。

1924-1925 年，每個人都被 AZE 搞得一頭霧水，其中最重要的人物是瑞士理論家**沃夫岡・包立**（1900-58）。事實上，這讓他非常困擾，以至於引發了一個令後人津津樂道的故事，關於包立的故事很多，大多數可能都是真的。

包立接受了波耳的邀請，在哥本哈根與他合作，並寫了兩篇關於 AZE 的論文，但他沒有一篇滿意。在 1922-1923 年這段停留期間，他時常為這個問題沒有進展而感到沮喪或煩躁。有一天，包立在哥本哈根美麗的街道上漫無目的地閒逛時，遇到了一位同事……

包立在家鄉維也納開始他的學業，十幾歲就已經在數學和物理學方面取得長足的進步。1918 年，他就讀慕尼黑大學，在教授索末菲鼓勵下，發表了一篇評論廣義相對論的文章。這篇文章後來成了傳奇，愛因斯坦寫道：*這篇作品成熟且構思精妙，任何研讀的人，可能都不會相信作者只有 21 歲。*

包立效應

1921 年，包立在索末菲指導下完成了博士論文，主題是關於電離氫的量子理論。他前往哥廷根擔任波恩的助理半年，然後以**不支薪講師**的身分去了漢堡。從那個時期開始，第一次出現**包立效應**（不要與**包立原理**混淆）……

他一進入實驗室，實驗設備就會出現嚴重問題！（包立效應）。

理論學家不擅長實驗是公認的事實。但是包立這位理論家太**傑出**了，光是出現就會導致實驗設備故障。他會眉飛色舞地談起漢堡的朋友——著名的實驗學家**奧托·斯特恩**（1888-1969）是如何隔著實驗室緊閉的門跟他討論事情。

在哥本哈根為包立帶來極大困擾的異常塞曼效應，最終讓包立成為量子理論的主要貢獻者之一，並且名留千古。

包立的「隱藏旋轉」和自旋電子

包立提出一個假說，即一種**隱藏的旋轉**會產生額外的角動量，造成 AZE。他提出了具有**兩**個值的**第四個量子數**，這正是解釋令人困惑的 AZE 所需要的。

與此同時，兩位年輕的荷蘭物理學家**喬治・烏倫貝克**和**薩姆・古茲密特**也有相同看法。他們的教授**保羅・埃倫費斯特**比較和藹，於是將他們的論文送去發表。

AZE 神祕的結果是來自電子自旋提供的額外角動量，這件事很快獲得了證實。

這裡必須提及發現自旋所引發的麻煩，因為這導致一個必然結果：一年後出現了新量子理論。自旋電子的角動量僅為**原子軌道正常值 h/2π 的一半**，稱為**自旋 1/2**。

眾多不太合理的半古典概念中，這正是其中一例。（這表示電子必須旋轉兩次才能回到起點！）

包立不相容原理

原子結構最初的謎團，是為什麼所有電子都不會掉到基態。為了解釋這種情況為什麼不會發生，包立提出了每個原子態（三個量子數的一個組合）都包含**兩個**電子，並且需要自己的專屬軌道。這有一個花俏的標題：*空間量子化*。

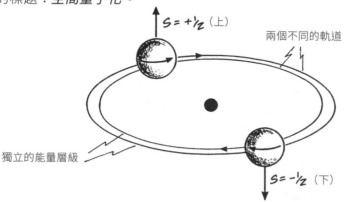

$S = +\frac{1}{2}$（上）

兩個不同的軌道

獨立的能量層級

$S = -\frac{1}{2}$（下）

現在有了二值自旋概念，包立得以對其**不相容原理**做出最後聲明……

原子中的每個量子態不能容納**兩**個電子，只能容納一個電子。因此，納入自旋朝上或朝下，每個獨立的能量層級包含四個量子數。

電子不能全部互相疊在一起這一事實，造就了桌子之類的所有堅固物體。

如果一個能態被占據了，下一個電子勢必會占據較高能量的空能態，如此從低能態逐漸填至高能態。這就是為什麼原子不會總是塌縮到最低能量的**基態**，並且使得每個元素有自己的特徵結構。

包立先前的假說只限於以外層電子（或*價電子*）解釋 AZE，但現在他提出的這個原理適用於**所有**的電子和原子。利用這個簡單而又深入的原理，可以建構出任何原子的量子態，並且可以用第一性原理來理解元素週期表的形式。

元素週期表：門得列夫

元素的週期性自 1890 年代起廣為人知，那時俄國的**迪米崔·門得列夫**（1834-1907）發明了一種視覺化的輔助，協助苦讀有機化學的學生。

> 我將元素依據原子量，由小到大排列在一張包含許多行列的表格上，並留意到元素的化學性質是週期性重複的。

ОПЫТЪ СИСТЕМЫ ЭЛЕМЕНТОВЪ.

ОСНОВАННОЙ НА ИХЪ АТОМНОМЪ ВѢСѢ И ХИМИЧЕСКОМЪ СХОДСТВѢ.

		Ti = 50	Zr = 90	? = 180.
		V = 51	Nb = 94	Ta = 182.
		Cr = 52	Mo = 96	W = 186.
		Mn = 55	Rh = 104,4	Pt = 197,4.
		Fe = 56	Ru = 104,4	Ir = 198
		Ni = Co = 59	Pl = 106,6	Os = 199.
H = 1		Cu = 63,4	Ag = 108	Hg = 200
	Be = 9,4	Mg = 24	Zn = 65,2	Cd = 112
	B = 11	Al = 27,4	? = 68	Ur = 116	Au = 197?
	C = 12	Si = 28	? = 70	Sn = 118
	N = 14	P = 31	As = 75	Sb = 122	Bi = 210?
	O = 16	S = 32	Se = 79,4	Te = 128?
	F = 19	Cl = 35,5	Br = 80	I = 127
Li = 7	Na = 23	Ca = 40	Sr = 87,6	Ba = 137	Pb = 207.
		? = 45	Ce = 92	
		?Er = 56	La = 94	

這種週期性一直是個謎,直到包立於 1925 年提出不相容原理,給出了真正的根本性解釋。然而,在包立的發現之前,波耳已經用他的原子軌道模型解釋過了。

波耳對週期表的解釋

波耳在 1913 年開始研究原子時,主要關注的是週期表,而不是解釋巴耳末光譜。他以強烈的物理直覺,以及軌道模型的細節,來解釋週期表。

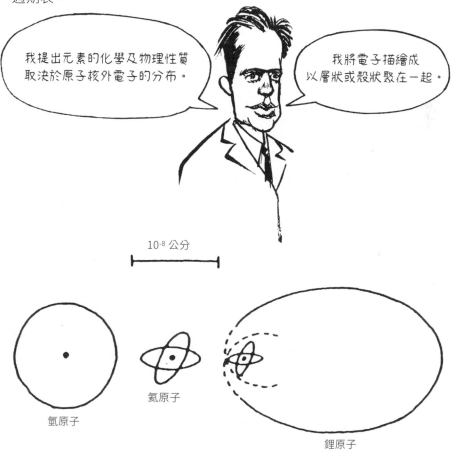

每層殼能容納不超過特定數目的電子,而化學性質和殼層有多滿或多空有關。例如,滿殼代表化學性質穩定。所以惰性氣體(氦、氖、氬等)的電子殼假定為全滿。

波耳首先觀察到氫元素（具有 1 個電子）和鋰元素（具有 3 個電子）
的化學性質有些相似。

兩者均為一價，並且會形成相似類型的化合物，如氯化氫（HCl）和
氯化鋰（LiCl）。

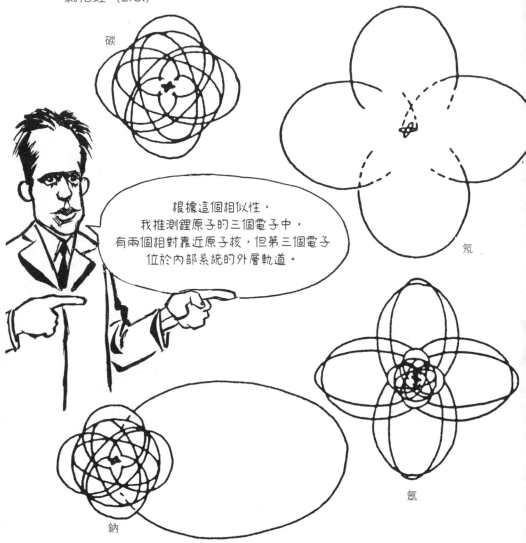

碳

氖

根據這個相似性，
我推測鋰原子的三個電子中，
有兩個相對靠近原子核，但第三個電子
位於內部系統的外層軌道。

氫

鈉

因此，鋰原子可以粗略描繪成與氫原子相去不遠。而這樣類似的物理
結構，正是兩者的化學行為相似的原因。因此，第一層殼有兩個電
子，第三個電子則進入下一層，或說外層的殼。

閉合的殼與惰性氣體

鈉（具有 11 個電子）是週期表中下一個化學性質與氫和鋰類似的元素。這種相似性表明鈉原子也*類似於氫*，有一個電子圍繞著中心的核旋轉。亦鈉的第 11 個電子必須在外層的殼中，因此第二層殼有 8 個電子。

有了這些定性的構想，波耳對原子核周圍成群或成殼排列的電子有了前後一致的構想。氫、鋰、鈉和鉀各自都有一個電子圍繞在核的外圍，而這個核與前述元素（惰性氣體）非常相似。他預期這個外圍電子會很容易與附近的原子*結合*，這與事實相符。

波耳沿著這些線索做了全面分析，並於 1921 年提出如下所示的週期表形式。波耳的週期表至今仍然有用，示範了物理理論如何為理解化學提供合理的基礎。

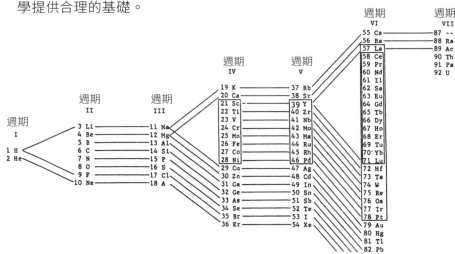

但正是包立為波耳的「物理」週期圖表提供了基礎。他的不相容原理（每個電子都必須有自己的量子數組合）自動產生了 2、8、18 等魔數，這是波耳為自己的殼構想出的數字。這是以下事實的第一個跡象：原子中的每個電子都「知道其他電子的地址」，並在原子的結構中占據自己專屬的空間。（稍後將進一步說明這個*關聯性*。）

下表顯示了不相容原理如何產生**魔數**（即每個軌道或*殼*中有多少電子）。量子數 **k** 和 **m** 的取值範圍可以從第 93-95 頁的圖中推斷出來。由 AZE 而知的第四個量子數是 **s**，即電子自旋，只能具有**向上**或**向下**的值。

在下表中，波耳的殼對應於由主量子數 **n** 指明的軌道。

	n	可能的 k	可能的 m	可能的 s	所有量子態	
第一層殼	1	1	0	±1/2	2	= 2
第二層殼	2	1	0	±1/2	2	= 8
	2	2	−1, 0, 1	±1/2	6	
第三層殼	3	1	0	±1/2	2	
	3	2	−1, 0, 1	±1/2	6	= 18
	3	3	−2, −1, 0, 1, 2	±1/2	10	

波粒二象性

在採用全新的方法看待原子中的電子之前，需要先了解波的性質，並思考最令物理學家困惑的一個悖論。

在描述輻射和物質的基本性質時，以波還是粒子的形式來表示比較好？還是兩種都需要？

想知道**波粒**爭論的起源，我們必須回到牛頓和荷蘭物理學家**克里斯蒂安·惠更斯**（1629-95）的時代，看兩人如何爭論光的本質。

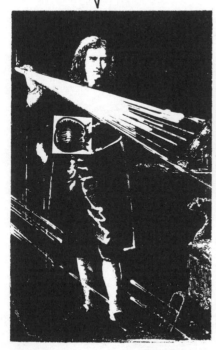

所以，誰才是對的？光波理論的論據又是什麼？

波的性質

試想一根拉直的彈性繩上,有一凸起沿著繩子傳遞。這是最簡單的波運動。

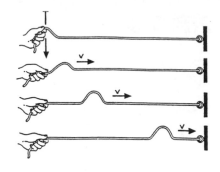

現在試想繩子的兩端都產生了凸起,並朝彼此前進。當兩者重疊時,會顯示出專屬於波的性質,稱為**疊加**(粒子不會發生疊加)。

疊加

如果繩上的兩個凸起同時通過繩上特定的一點,該點的總位移會等於兩個凸起的位移總和。

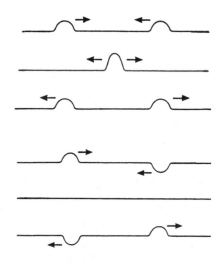

假設凸起的形狀、大小都一樣,但方向相反,則兩者在交會時將完全抵消(能量轉為繩的運動),並直接穿過彼此。

週期波

如果凸起有規律且連續產生,就會形成週期波。聲波、水波和光波都屬於週期波。

波速

波的速度（**v**）、波長（**λ**）和頻率（**f**）有個簡單的關係：**v=fλ**。從頻率是每秒的波數量，以及 **λ** 是波的長度，可以明顯得出這個關係。

干涉：雙狹縫實驗

想想經典的雙狹縫實驗。如果兩個相同的週期波交會時方向相反，也就是相差**剛好一半波長**，則會發生**破壞性干涉**，波會互相抵消。（以光波來說，會出現暗點。）如果相差**剛好一整個波長**，則會發生**建設性干涉**，以光波來說會出現亮點。

1801 年，**湯瑪士・楊格**（1773-1829）首次提出雙狹縫實驗。他以交替的明暗線條展示干涉現象，一般認為這明確證實了光的本質是波。下方是楊格原作的複製品，你可以親眼看看。

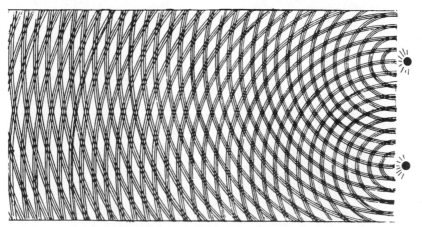

楊格呈現干涉現象的原始繪圖。 把眼睛靠近圖的右邊緣，以平行於波平面的角度觀察，最能看出效果。

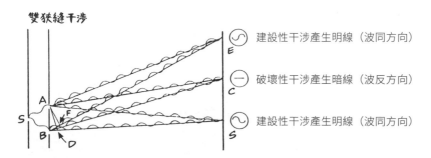

雙狹縫干涉

建設性干涉產生明線（波同方向）

破壞性干涉產生暗線（波反方向）

建設性干涉產生明線（波同方向）

109

繞射與干涉

繞射指的是波繞過邊緣後彎曲了起來，也會造成干涉圖樣。當一個點光源（或任何波源）放出的光波通過一個尺寸與波長相近的小圓孔，圓孔邊緣的繞射會將光擴散成一個大圓盤狀，並且發生干涉。

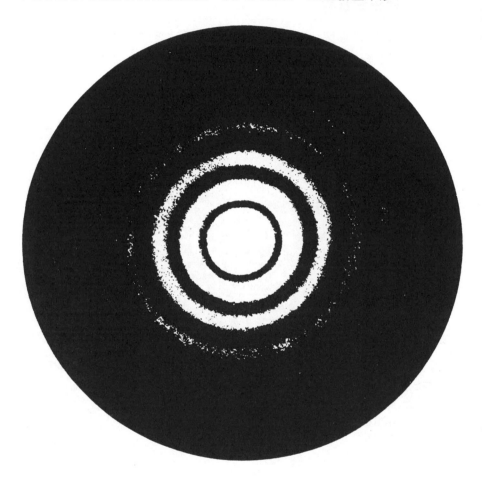

圖案如照片所示。雖然波的路徑比雙狹縫實驗複雜，但原理是一樣的。我們將再次看到這個圖樣，也就是光為波的明確證據。

除了這些干涉效應外，馬克士威於 1865 年提出的電磁波理論更進一步證明了光的本質為波。19 世紀的古典物理學家都接受了。

光是由波組成的。

愛因斯坦……孤獨的聲音

但隨著 20 世紀展開，年輕的愛因斯坦重新引入了微粒的概念來解釋光電效應（見第 46 頁）。幾年後，於 1909 年，他把自己強大的統計擾動方法運用到普朗克的黑體定律上，並表明兩個不同的性質都出現了，也就是存在**二象性**……

愛因斯坦是唯一關注這個問題的人。沒有人相信有*光子*。這不是第一次，他在處理量子理論的某些歧義時（至少在光輻射上）領先時代。

但就連他也沒有準備好應對 1924 年來自巴黎的衝擊。幸好人們馬上聯絡了他，他們迫切需要他的意見！

一位法國王公發現物質波

1923 年，巴黎索邦大學的研究生路易‧德布羅意親王（1892-1987）提出一個驚人的觀點，即粒子可能具有波的性質。愛因斯坦認為必須以二象性來理解光，這個觀點深深影響了德布羅意。

德布羅意在 1924 年的
博士論文中寫道……

愛因斯坦的光粒子能引起光電效應（將電子從金屬中撞擊出來），同時能攜帶「週期性」的訊息，在不同的環境（例如雙狹縫實驗）下產生干涉效應。這令德布羅意印象深刻。

接下來就是鉅作了。德布羅意在論文的第一部分，提出了物理學中最偉大的統一原理之一……

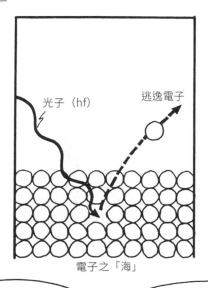

光子（hf）

逃逸電子

一個具有可測量頻率（或波長）的光子與單一電子相互作用。

電子之「海」

我堅信愛因斯坦在光量子理論中發現的波粒二象性是普遍存在的，可以擴展到物理世界的所有事物。

在我看來，**一個波的傳播一定與某粒子的運動有關**……不論是光子、電子、質子或其他。

締合波

德布羅意所做的事情是給定一個頻率，但不是針對粒子（例如他想像中的愛因斯坦光子）內部的週期性行為，而是一種**伴隨粒子穿越時間和空間的波**，讓這種波可以與「內部」的過程保持同方向。

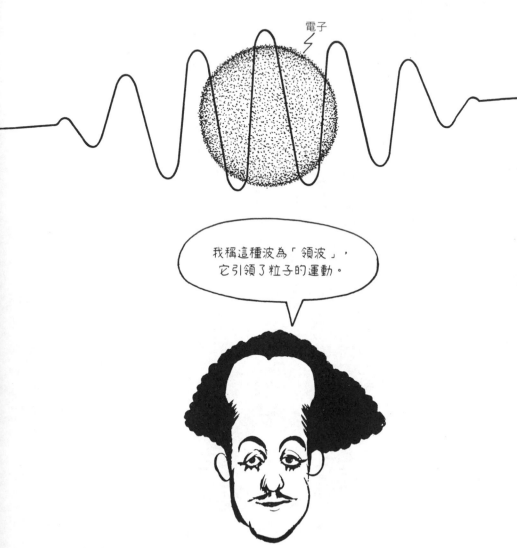

電子

我稱這種波為「領波」，它引領了粒子的運動。

這樣的波可以偵測得到嗎？也就是說，這些神祕的波可能和**粒子實際的運動**有關，並且可以測量嗎？

可以，德布羅意這樣說。這些波不僅僅是抽象的。這個新的顛覆性想法在物理上的重要結果是，與**領**波相關的速度有**兩**種。

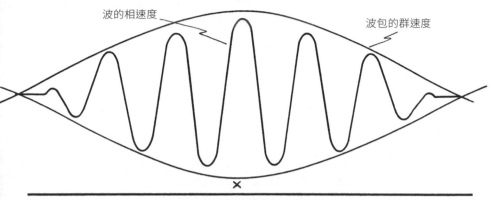

波的相速度

波包的群速度

×

一個以距離 x 展開的波包

一個是**相**速度——波峰移動的速度，
第二個是**群**速度——許多波疊加後
形成的增強區域的速度。

德布羅意確認了群速度就如同一個粒子的速度，並證明增強區域展現了粒子所有的力學性質，例如能量和動量。（這類似疊加許多不同頻率的波會產生一道**脈衝**。）

戲劇性的結論

當他寫下簡單的數學關係式來描述這些由光子類推而得的想法時，更戲劇性的結論出現了。

他從愛因斯坦著名的方程式 $E = mc^2$ 開始，著手計算所有東西的總能量。在這種情況下，光子……

$$E = mc^2 = (mc)(c)$$

現在看看德布羅意一連串的代換……

由於 mc 就是質量乘以速度，也就是光子的*動量 p*……

$$E = (p)(c) = (p)(f\lambda)$$

運用波的關係式 c（速度）＝ f（頻率）乘以 λ（波長）

將普朗克／愛因斯坦的方程式 E=hf 與上述式子畫上等號，我們可以得到：
$$(h)(f) = (p)(f\lambda)$$

並透過簡單的代數可以得到…… $h/p = \lambda$ （光子）

這意味著如果光波長**變短**，則個別光子動量會**增加**。

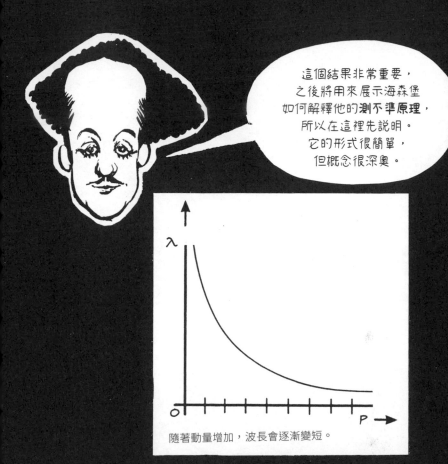

這個結果非常重要，之後將用來展示海森堡如何解釋他的**測不準原理**，所以在這裡先説明。它的形式很簡單，但概念很深奧。

隨著動量增加，波長會逐漸變短。

德布羅意用直接類比的方式，主張他的關係式不僅適用於**光子**，也適用於**電**和**所有**粒子。

$$\lambda = h/p \cdots\cdots$$

也就是（波長）＝（普朗克常數除以動量）

對電子來說，下式

$$動量\ p=(m)(v)=（質量）（速度）$$

可以很輕易地以實驗驗證，因此可以從德布羅意的方程式來預測**波長**。

對大多數物理學家來說，這個概念看似荒謬。電子是一種**粒子**，自從湯姆森 1897 年發現電子以來，古典物理學家一直都這樣認為！

令人驚歎的論文

1924 年，德布羅意發表了標題為**量子理論研究**的論文，這些觀點讓巴黎大學的審查委員既震驚又困惑。委員會成員包括著名的物理學家**保羅·朗之萬**（1872-1946），幸好他自德布羅意取得了一份預印本，轉寄給愛因斯坦。

愛因斯坦閱讀了論文，並告知亨德里克·勞侖茲……

我相信德布羅意的假說是第一道微弱的希望之光，讓我們能揭開這個最令人頭痛的物理謎團。

他向審查委員會發表了深刻的評論。

……德布羅意掀開了巨大面紗。

委員會同意讓他取得博士學位。

證實物質波的存在

短短幾年內，德布羅意所有的預測都獲得了實驗證實。令人驚奇的是，當時有一位審查委員持懷疑態度，而德布羅意為了捍衛自己的理論，真的提議……

物質波可能可以透過晶體繞射實驗觀測，像是以 X 射線進行的那些實驗。

經過一番奇特又諷刺的轉折後，這種繞射圖案由**喬治・湯姆森**（1892-1975 年）首先演示出來，證明了電子具有**波**的性質。

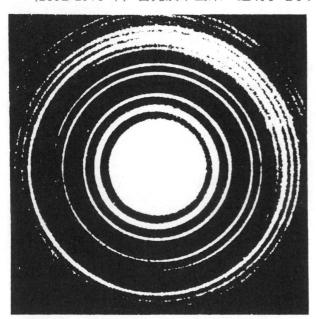

這大約是在我父親 **J. J. 湯姆森** 首先驗證電子具有**粒子**性質的 30 年之後。

對於原子中的電子波，德布羅意還提出了另一個有趣的概念……我們接下來就來看看。

原子中的電子波

電子繞行原子核時，相應的波是穩定的，亦即是駐波的模式（見第 108 頁），就像沿著兩端固定的小提琴弦移動的波。

在這種情況下，只會產生幾種不連續的特定頻率——也就是基音及其泛音，這是所有學音樂的好學生都知道的。

$2\pi r = n\lambda$

$2\pi r \neq n\lambda$

λ

r

λ

r

原子中的電子「駐波」。
只有某些波長的駐波
才能完整圍繞一整個圓周。

這正是 1913 年波耳的氫原子假設所需要的東西。（還記得那個無法解釋的 2π 因子嗎？）波耳只要擬合可符合原子周長的整數倍電子波，並運用德布羅意的關係式，就可以為軌道量子化提供完全的理論依據。看，只要一點代數……

$$n\lambda = 2\pi r \quad \text{（駐波）}$$
$$n(h/mv) = 2\pi r \quad \text{（運用德布羅意的方程式）}$$
$$n(h/2\pi) = mvr \quad \text{（軌道量子化的假設）}$$

*波耳的量子條件不再是個**假設**，而是個事實……*

原子視覺化：「舊量子理論」

「舊量子理論」引導出波耳的原子軌道模型以及索末菲添加的修正，取得了一些實質的成果，包括：**氫原子光譜**（即巴耳末公式的推導）、原子中能態的**量子數**和**選擇規則**、**元素週期表的解釋**，以及包立**不相容原理**。

但我們現在該如何看待氫原子中的電子……電子是一個圍繞著原子核的微小帶電粒子，從一個允許電子進出的軌道跳到另一個嗎？

還是一個波，其波長調整得恰好能在其中一個軌道建立駐波，而其電荷則以某種方式分布在圓周上？

這目前無關緊要。為了繼續下去，我們兩者都需要。但是有了這個原子內部的電子既是波也是粒子的模糊圖景，我們已愈來愈接近量子理論真正的本質。

新量子理論的三重誕生

現在，令人矚目的論文結束了 25 年來的混亂。

關於完整的量子理論，1925 年 6 月至 1926 年 6 月的 12 個月期間，出現了不是一，不是二，而是**三**種不同而獨立的進展⋯⋯

並且證實它們都是**等價**的。

第一種──
矩陣力學──
由維爾納・海森堡提出

第二種──
波動力學──
由埃爾溫・薛丁格提出

第三種──
量子代數──
由保羅・狄拉克提出

在接下來的幾頁裡，將介紹他們是怎麼發現，以及相關的來龍去脈。故事始於波耳及他的新門生維爾納・海森堡。

122

海森堡，天才和登山者

海森堡（1901-76）在慕尼黑長大，父親是當地大學的希臘文教授。海森堡一直喜歡健行，而他也很幸運，慕尼黑就位於巴伐利亞阿爾卑斯山腳下。他是優秀的學生，也是出色的鋼琴家。在他就讀中學時，就已埋首自修物理學。

1920 年秋天，就在他進入慕尼黑大學向索末菲學習物理後不久，他認識了包立。這是他們一輩子友誼的開端。

1922 年 6 月，當海森堡首次遇到波耳時，兩人都在哥廷根。當時海森堡只有 20 歲，並且仍在攻讀博士學位。他聽了波耳的一場演講，並在會後提出異議，波耳的回應帶著一絲猶豫……

演講結束後，
波耳前來邀請我下午和他
一起去海因貝格山走走。

這次健行對我的科學生涯
產生了深遠的影響。
也許更正確的說法是，我真正的
科學生涯從那天下午才開始，
那時波耳告訴我⋯⋯
原子不是東西！

我們談了大約三小時，
我第一次看到量子理論創始者之一
為了量子理論的難題而苦惱。
波耳的見解極為精闢，不是來自數學分析，
而是來自對實際現象的觀察。

他能憑直覺感受到關聯性，
而不是透過公式推導。

健行回來後，波耳和朋友談
起海森堡⋯⋯

海森堡了解一切。
現在答案就在他手裡。
他必須替量子理論的困境
找到出路。

顯然，波耳很快
就認定海森堡是
天賦異稟的年輕
物理學家。

124

但海森堡有一件事情令波耳意外。他討厭波耳原子模型裡假想的電子軌道⋯⋯

永遠觀察不到它們。
談論不可見的微小原子內部
不可見的電子路徑有什麼用？

如果看不見原子，
這個概念就毫無意義。

1925 年春天，他離開哥本哈根，回到哥廷根，因為波恩（1882-1970）邀請年僅 22 歲的他擔任編外講師！在德國，有兩大刺激物令他很苦惱：空氣中的花粉和原子軌道問題。

我得了非常嚴重的花粉熱，
我連看都看不見。

我狀況非常糟糕，
因此決定尋求比較好的空氣，
也就是沒有花粉的空氣。
於是我前往北海的黑爾戈蘭島。

當我抵達時，
我累壞了，整個臉都腫了。
旅館的女主人問我是不是被誰打了。

海森堡的原子圖像

海森堡幾乎沒睡,他把時間分配在研究量子力學、攀岩和背誦歌德的詩歌上。他想要找出**密碼**,將原子中的量子數和能態,與經實驗確認的光譜頻率和強度(亮度)聯繫起來。

這和普朗克 1900 年針對黑體輻射所做的一樣。

海森堡利用波耳所謂的**對應原理**(量子與古典理論重疊的部分),假想波耳的原子在很大的軌道上運行,此時軌道頻率就是輻射頻率,而原子就像一個簡單的線性振子。

他知道如何從古典物理學的角度分析這個問題。現在可以使用熟知的物理量，像是線性動量（**p**）和相對於平衡點的位移（**q**）。利用古典物理，他可以解運動方程式，然後計算處於狀態 **n** 的粒子能量，也就是量子化的數值 E_n。

他從最大的軌道上算出答案，然後往原子*內部*推算。此時，他的直覺（也有人說是他的天賦）引導他得到一個包括所有可能狀態的公式。**他破解了光譜密碼。**

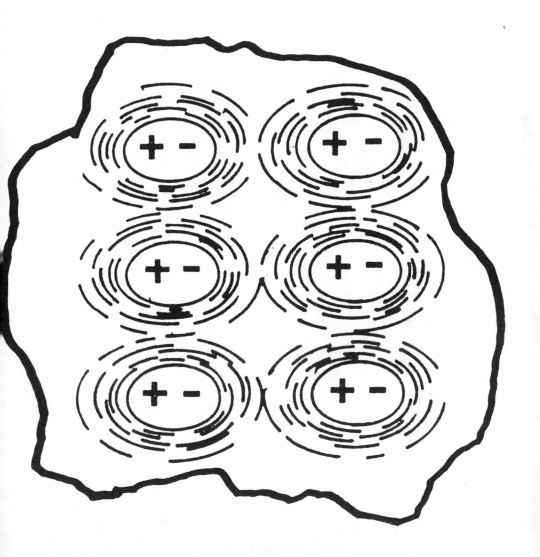

127

至此，海森堡知道他很接近某種新東西了，但他驚訝的發現……

在古典理論中，
p 乘上 q 的乘積永遠和
反過來的
q 乘上 p 一樣……

這個性質令他很
頭痛，因為那違
反了乘法基本的
交換律。

但在量子理論中，
不一定如此。

這情況很討厭，
我很擔心
pq 不等於 qp！

為了取得正確的譜線頻率和強度去證實他的理論，海森堡必須想辦法
納入**量子假設**，就像波耳那樣。

我猜測 pq-qp 所得的差值
不是 0，而是 ω2πi，
其中 i 是 √-1，是一個虛數。

| 16 | 23 | 32 |
| 13 | 18 | 18 |

we get:

| 19 | 29 | 29 |

For

| 2 | 5 | 1 |
| 4 | 3 | 2 |

×

| 1 | 1 | 1 |
| 2 | 3 | 5 |

128

黑爾戈蘭的那一晚，他證明能態是**量子化**的、**不隨時間而變**的，即它們和波耳的原子一樣是*靜止*的。他後來稱之為……

……上天賜予的禮物。

大約半夜三點鐘，
最後計算的結果擺在我面前。
起初我大為震驚，而且興奮到不想睡覺。

於是我走出屋外，
在一塊岩石上等待日出。
那是「黑爾戈蘭之夜」。

6 月 19 日，海森堡回到哥廷根，把他的成果寄給包立，他是不可多得的評論人。如果他的理論是正確的，他就邁出了第一步，更有可能破除軌道的概念。他現在幾乎擺脫了那*兩種*困擾——花粉熱**和**電子軌道！

129

波恩與矩陣力學

包立的反應是正面的。因此，海森堡在前往劍橋的卡文迪許實驗室及一次健行之前，先將論文放在波恩面前。

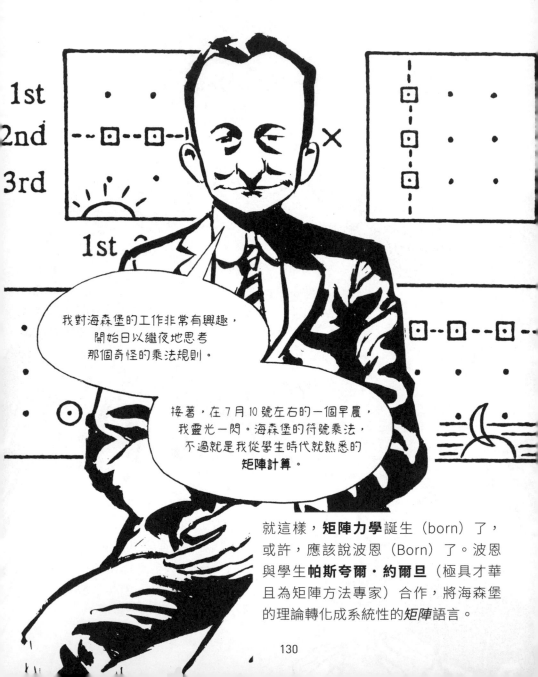

> 我對海森堡的工作非常有興趣，開始日以繼夜地思考那個奇怪的乘法規則。

> 接著，在 7 月 10 號左右的一個早晨，我靈光一閃。海森堡的符號乘法，不過就是我從學生時代就熟悉的**矩陣計算**。

就這樣，**矩陣力學**誕生（born）了，或許，應該說波恩（Born）了。波恩與學生**帕斯夸爾．約爾旦**（極具才華且為矩陣方法專家）合作，將海森堡的理論轉化成系統性的*矩陣*語言。

現在，光譜的頻率可以用一個無窮矩陣來表現，如下圖……

$$f_{m,n} \begin{vmatrix} f_{11} & f_{12} & f_{13} & f_{14} & f_{15} & f_{16} & \text{etc.} \\ f_{21} & f_{22} & f_{23} & f_{24} & f_{25} & f_{26} & \text{etc.} \\ f_{31} & f_{32} & f_{33} & f_{34} & f_{35} & f_{36} & \text{etc.} \\ f_{41} & f_{42} & f_{43} & f_{44} & f_{45} & f_{46} & \text{etc.} \\ \text{etc.} & \text{etc.} & \text{etc.} & \text{etc.} & \text{etc.} & \text{etc.} & \text{etc.} \end{vmatrix}$$

因為海森堡的概念是一個具有動量 **p(t)** 及位移 **q(t)** 的振子，以這些頻率在振動，因此這兩個物理量也是無窮矩陣。

$$p = \begin{vmatrix} p_{11} & p_{12} & p_{13} & p_{14} & \text{etc.} \\ p_{21} & p_{22} & p_{23} & p_{24} & \text{etc.} \\ p_{31} & p_{32} & p_{33} & p_{34} & \text{etc.} \\ \text{etc.} & \text{etc.} & \text{etc.} & \text{etc.} & \text{etc.} \end{vmatrix} \quad \text{和} \quad q = \begin{vmatrix} q_{11} & q_{12} & q_{13} & q_{14} & \text{etc.} \\ q_{21} & q_{22} & q_{23} & q_{24} & \text{etc.} \\ q_{31} & q_{32} & q_{33} & q_{34} & \text{etc.} \\ \text{etc.} & \text{etc.} & \text{etc.} & \text{etc.} & \text{etc.} \end{vmatrix}$$

引入海森堡的量子假設可以求得正確的頻率和強度，每個頻率和強度都用**矩陣**形式的兩個數來表示。

pq-qp=(h/2πi)I（量子條件）

I 是指單位矩陣，呈現如下……

$$1 = \begin{vmatrix} 1 & 0 & 0 & \text{etc.} \\ 0 & 1 & 0 & \text{etc.} \\ 0 & 0 & 1 & \text{etc.} \\ \text{etc.} & \text{etc.} & \text{etc.} & \text{etc.} \end{vmatrix}$$

包立證明矩陣力學是正確的

在**以矩陣形式編寫**的古典力學方程式中加入這個條件，就獲得了一個方程式系統，該系統可以計算出原子譜線的頻率和相對強度值。然而……

雖然我的新理論可以推導出所有牛頓力學的結果，但我甚至算不出氫原子光譜。

不用擔心，維爾納，我已經掌握了你新力學的複雜性，並且不只推導出氫原子光譜，還推導出電場和磁場產生的附加譜線。

海森堡發現了**量子力學**第一個完整的版本。

但有個不同之處。這種新理論缺乏視覺輔助，無法在腦中描繪出具體模型。波耳和索末菲為了解釋氫光譜而虛構出來的複雜電子軌道已成過去。這是一種純粹的數學形式，不易使用而且無法視覺化。它只是給出了正確的答案。

海森堡完全放棄把原子描繪成由粒子或波組成。他認為，不管把原子結構類比成古典世界裡的什麼結構，都註定會失敗。

> 相反的，我純粹用**數字**
> 來描述原子的能階。
> 既然處理這些數字的
> 數學工具稱為矩陣，
> 我的理論就被稱為**矩陣力學**，
> 我討厭這個名稱，
> 因為太抽象了。

後來，這個理論還推導出了其他原子的光譜分布。但沒人知道那個奇怪的不可交換性有什麼**物理意義**，而不可交換性是該理論的基本組成。

這是不是代表測量的順序可能是重要的？測量這個行為會那麼關鍵嗎？

埃爾溫 · 薛丁格——
天才與情人

與此同時，其他物理學家並沒有放棄將物理宇宙的**所有面向**視覺化，而這當然應該包括原子結構！因此，他們對海森堡的矩陣力學不太滿意。

尤其是在蘇黎世做研究的天才埃爾溫·薛丁格。他鄙視這個新理論，因為它缺乏畫面，數學上又很複雜。

我準備基於德布羅意的物質波概念，建立另一個版本的理論。

我相信對物理學家來說我的方法更容易接受，並且代表著回歸到古典物理學中連續、視覺化的世界。

前半句話薛丁格說對了，後半句卻大錯特錯！

134

右說維爾納・海森堡需要的是清靜、無花粉的山間漫步，保羅・狄拉克需要劍橋大學聖約翰學院屋內修道院式的寧靜，薛丁格則需要完全不同的東西來激發**他的**靈感。

薛丁格是知名的情場浪子，他的物理學研究經常因最近的戀愛經歷而受到啟發。1925 年的聖誕假期，他在奧地利提洛爾他最喜歡的浪漫酒店中有一次熱情的幽會。就在那時，他有了職業生涯最重要的發現。他滿腦子都是波。

薛丁格方程式

薛丁格方程式的解是一個波，它用某種神奇的方式描述了一個系統的量子層面。這個波的物理解釋將成為量子力學的一大哲學問題。

我發現一個適用於所有物理系統的方程式，任何物理系統，如果已知其中能量的數學形式，就能使用我的方程式。

$$\frac{\partial^2 \psi}{\partial x^2} + \frac{8\pi^2 m}{h^2}(E-V)\psi = 0$$

對 X 的二次微分

能量

位能

位置

薛丁格的波函數

波本身以希臘字母 Ψ 來表示，它對今日任何物理學家而言只代表一件事……薛丁格方程式的解。他的確非常認真地看待德布羅意以波來描述物質的想法。

週期函數的傅立葉分析

雖然這個題目聽起來很技術性，但為了領會 1926 年 1 月薛丁格方程式出現時物理學家的欣喜，有必要簡短說明傅立葉分析。

我發展出一種解方程式的方法，也就是將所有數學函數都表示成無窮多個週期函數的和。

當我在構思我的波方程式時，**傅立葉**這項廣為人知的技巧被稱為**本徵值法**（**本徵**是德文中的「肯定」之意），其訣竅是求找出正確的函數，使得這些函數的振幅疊加後能得到想要的解。

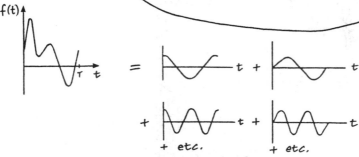

任意週期函數 f(t) 都可寫成多個調和函數的和

如此一來，薛丁格方程式（即**系統的波函數**）的解，就被一個無窮級數（**各能態的波函數相加**）所取代，它們互為自然諧波，意思就是它們的頻率成整數比。

137

這個方法如下圖所示。粗曲線表示初始函數,可用週期性諧波的無窮級數替代。

薛丁格驚人的發現是,**替代的波**描述了**量子系統各個獨立的能態**,而各能態的**振幅**則代表自身相對整個系統的重要性。

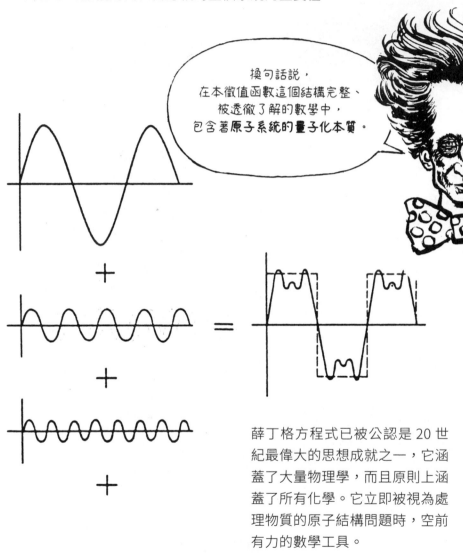

換句話說,
在本徵值函數這個結構完整、
被透徹了解的數學中,
包含著原子系統的量子化本質。

薛丁格方程式已被公認是 20 世紀最偉大的思想成就之一,它涵蓋了大量物理學,而且原則上涵蓋了所有化學。它立即被視為處理物質的原子結構問題時,空前有力的數學工具。

毫不意外,這項成果被稱為**波動力學**。

將薛丁格原子視覺化

薛丁格所做的，是將原子的能態問題，簡化成如何利用傅立葉分析找出該振動系統的自然諧波。

一維駐波（例如小提琴弦）的自然頻率和節點數很容易視覺化。這個圖像可以延伸到**二維系統**，例如打擊鼓面造成的振動。由電腦模擬擊鼓的不同振動狀態，可以對於薛丁格的想法提供一些說明。

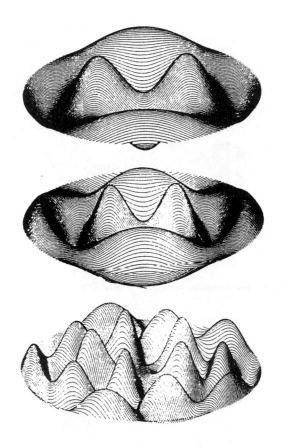

儘管要將**三維振動系統**視覺化相當困難，像是氫原子的振動，但一維及二維的圖像應該有所幫助。

波耳、索末非和海森堡稱為**量子數**的整數，現在可以自然的和**振動系統的節點數**連結。

巴耳末公式、塞曼效應等等

很快地，人們就證明薛丁格的理論可以完整描述氫原子中的譜線，再次重現了巴耳末公式這塊*試金石*。此外，電場和磁場造成的分裂譜線，利用波方程式也唾手可得。

因此，薛丁格能夠觀察到，從三維波的解所得到的整數（節點數），完全符合舊量子理論中的三個量子數 **n**、**k** 和 **m**。

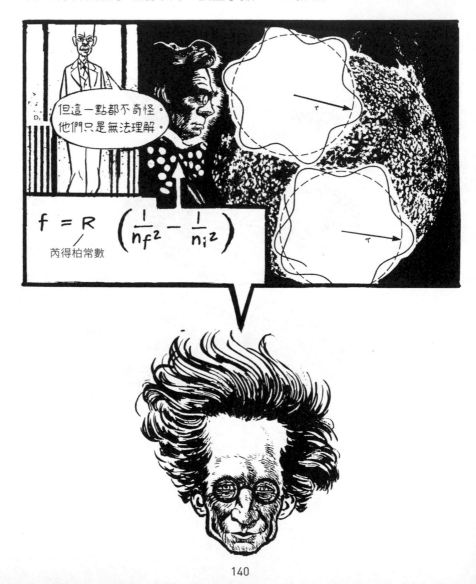

140

薛丁格：回歸古典物理？

儘管他在量子理論上的突破帶來了革新，這位奧地利數學物理學家畢竟來自傳統物理學派。他討厭波耳原子中量子不連續躍遷的概念。如今他有一個數學系統，不需要量子跳躍這種卑劣的假設，仍可以解釋譜線。他以聲波做比喻⋯⋯

明線光譜的頻率如今可以視覺化成其他兩個量子態振動頻率之間的**節拍**。

比起不可名狀的跳躍電子，將量子傳遞能量的方式表述成從一個振動圖樣連續傳遞到另一個，這種概念更吸引人。

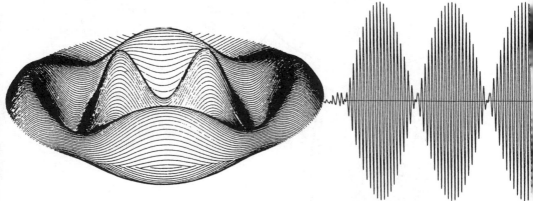

薛丁格打算將他的新發現當作途徑，**回到**以連續過程為基礎的物理，而那樣的過程並不受突然轉變的影響。他提出了基本上屬於古典物理的*物質波理論*，它與力學之間的關係，就如同馬克士威的*電磁波理論*與光學之間的關係。

到底誰需要粒子？

薛丁格甚至開始懷疑粒子的**存在**。

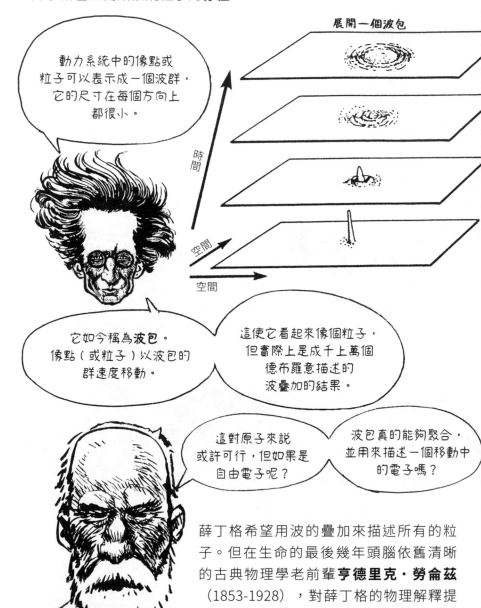

動力系統中的像點或粒子可以表示成一個波群，它的尺寸在每個方向上都很小。

展開一個波包

時間

空間

空間

它如今稱為**波包**。像點（或粒子）以波包的群速度移動。

這使它看起來像個粒子，但實際上是成千上萬個德布羅意描述的波疊加的結果。

這對原子來說或許可行，但如果是自由電子呢？

波包真的能夠聚合，並用來描述一個移動中的電子嗎？

薛丁格希望用波的疊加來描述所有的粒子。但在生命的最後幾年頭腦依舊清晰的古典物理學老前輩**亨德里克·勞侖茲**（1853-1928），對薛丁格的物理解釋提出了殘酷的批評，點醒了薛丁格。

波函數很快就被證明了**的確**會隨著時間擴散。很顯然，薛丁格錯了，勞侖茲是對的！

所以，粒子的波函數與粒子本身到底**有什麼關係**？好難的問題。這是發展波動力學時需要解決的最後一個問題。

兩種理論，一種解釋

薛丁格想知道他自己的理論和海森堡的矩陣力學有沒有關聯。起初他完全看不出來，但在 1926 年 2 月的最後一週，他經過自己的分析，發現了一個重要的結果。

我對海森堡提出的數學形式很反感，因為它牽涉到困難的代數，而且缺乏**直觀性**，也就是沒有觀察點和圖像。

然而令我意外的是，我從數學的觀點，證明了這兩個理論完全等效。

一個是基於原子結構的波模型，而這模型的概念很清楚，另一個宣稱這樣的模型毫無意義，但兩者給出了一樣的結果。真的非常奇怪！

薛丁格方程式已廣為接受。1987 年，該方程式的最終形式出現在奧地利郵票的首日郵戳上，以紀念薛丁格的百歲誕辰。

當薛丁格遇見海森堡

1926 年 7 月的慕尼黑，薛丁格在索末非舉辦的每週座談會上演講，海森堡則在觀眾席上。

薛丁格結束演說時，他的方程式寫在黑板上。*有什麼問題嗎？*……

海森堡站起來提問……

你能否以你的連續波模型為基礎，說明像是光電效應以及黑體輻射這類的量子現象？

離開慕尼黑後，薛丁格回到他的房間……

海森堡是對的！我對連續電子波的解釋，無法順利用在光電效應等現象上。

這是建立古典理論的最大困難，目前我根本找不到解決方法。

波恩：Ψ 的機率詮釋

薛丁格決定讓 Ψ 代表一種「陰影波」，能以某種方式指出電子的位置。後來他又改變主意，說 Ψ 是「電子電荷的密度」。說真的，他腦子已經亂了。

1926 年夏天，馬克斯・波恩發展出一種接受度較高的概念。他寫了一篇關於碰撞現象的論文，並在其中引入**量子力學機率**。

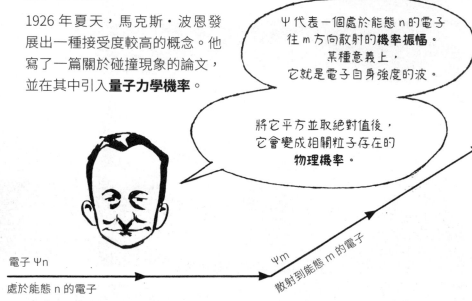

> Ψ 代表一個處於能態 n 的電子往 m 方向散射的**機率振幅**。某種意義上，它就是電子自身強度的波。

> 將它平方並取絕對值後，它會變成相關粒子存在的**物理機率**。

電子 Ψn
處於能態 n 的電子

Ψm
散射到能態 m 的電子

一個月後，波恩表示**一個能態存在**的機率等於該獨立波函數的歸一化振幅的**平方**（也就是 **Ψ²**）。這是另一個新的概念——**某個量子態存在**的機率。波恩說，不再有確切答案了。在原子理論中，我們只能得到**機率**。

氫原子的基態

波耳的概念

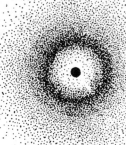

波恩的概念

兩種機率

1926 年 8 月 10 日，波恩在牛津大學發表了一篇論文，在論文中他清楚區分了物理上的新舊兩種機率。舊的馬克士威－波茲曼古典理論（見第 22-27 頁）在氣體動力學理論中引入了微觀座標，目的僅是為了把它們消去以取得平均值，因為數據無法得知。不可能計算這麼多粒子的精確值。

但這個新理論完全不需引入平均值，也能得到一樣的結果。這不是因為無從得知而必須使用的機率。這個機率是我們對原子系統所能得知的一切。

波恩找到了一個方法，他引入機率的概念來調和粒子與波。Ψ 波決定了電子在特定位置的可能性。和電磁場不同的是，Ψ 不具有物理真實。

薛丁格的貓⋯⋯量子測量問題

波恩的論文發表大約十年後，量子態機率疊加的概念漸漸為人所接受。

但薛丁格卻苦惱地認為自己的方程式被誤用了，他創造了一個「思想實驗」，並認為可以一勞永逸地證明這個概念有多荒謬。

薛丁格想像了一個詭異的實驗，將一隻活生生的貓放在一個盒子裡，盒子裡有放射源、蓋革計數器*、錘子，以及裝有致命毒氣的密封玻璃燒瓶。當發生放射性衰變時，計數器會觸發一個裝置，釋放錘子，讓錘子落下並打破燒瓶，然後毒氣會殺死貓。

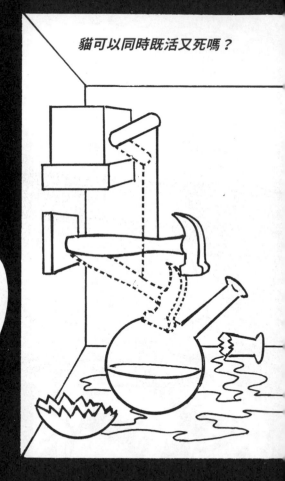

貓可以同時既活又死嗎？

> 假設量子理論預測，該放射源每小時有 50% 的機率放出一個衰變粒子。一個小時後，貓是活的或死的⋯⋯這兩種狀態的機率相等。

* 編註：偵測輻射的儀器。

148

量子理論（在波恩的解釋下）會預測，實驗開始一小時後，盒子裡的貓**既不是完全活著也不是完全死去**，而是兩種狀態的混合，也就是兩個波函數的疊加。

看吧，
這很荒謬！

以機率解釋
我的波函數是
無法接受的！

薛丁格認為他表明了自己的觀點。然而，60 年後的今天，他所謂的*悖論*卻被用來教授量子機率和量子態疊加的概念。

只要我們打開箱子，
看看量子預測是否正確，
就解決這個困境了。

我們觀察的行為會使兩個波函數
的疊加態崩塌成一個態，
得到貓是生是死的確定結果。

149

意識與崩塌的波函數

匈牙利出生的物理學家**尤金·維格納**（1902-95）是量子理論專家、諾貝爾獎得主。他似乎是少數對**波函數崩塌的真正原因**感到困擾的人之一。

觀察者的意識造成了差異。當我們意識到某事時，我們使波函數發生關鍵性的崩塌，從而使既生又死的複雜混合狀態消失了。

批評者質疑，變形蟲能引發波函數崩塌嗎？甚至，貓自身的意識可否讓整個實驗過程保持真實。牛頓的時代之後，物理學的變化大到我們都認不出來了。

維格納的說法在物理學界並不流行，甚至沒有人認真看待。量子理論行得通，它為最複雜的理論問題提供了實用的答案。那些生活中隨手拿量子理論來用的人，根本不在乎是什麼導致波函數崩塌！

保羅・狄拉克：天才與隱士

認識量子理論的兩個新版本（第一個是海森堡用矩陣方法提出的，第二個由薛丁格的波方程式主導）後，現在來看看英國數學家保羅・狄拉克獨立發展出來的第三個版本。

1925 年夏天，海森堡在劍橋卡皮察俱樂部的一次演講後，給了主持人拉爾夫・福勒一份未發表的手稿副本，內容是他的新開創性理論。福勒把它交給他的年輕研究生保羅・狄拉克，並附上一張便條：*你對這有什麼想法*。狄拉克慎重以對。獨自研究的狄拉克（他在物理學 44 年的職業生涯都是如此）將海森堡的手稿視為重要的新起點。

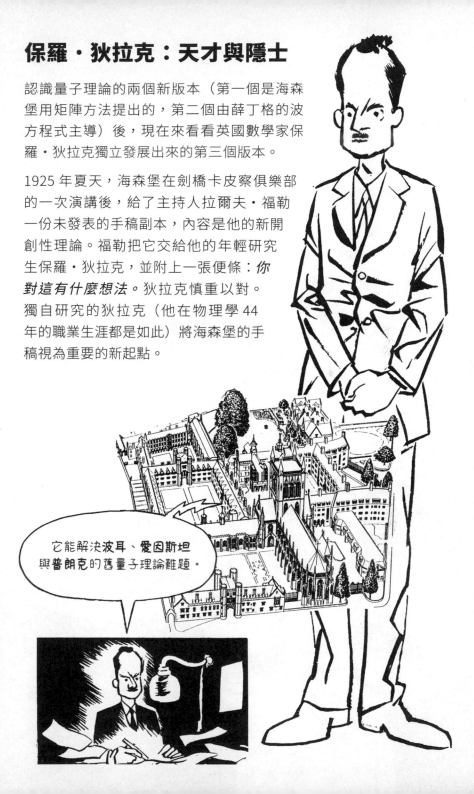

它能解決**波耳**、**愛因斯坦**與**普朗克**的舊量子理論難題。

狄拉克版本的量子力學

狄拉克一開始對出現不可交換量（兩個量的乘積取決於它們的順序，以致 A×B 不等於 B×A）感到困惑，但他體認到**這**就是新方法的精髓。他很快就找到它與古典物理學的連結，並利用不可交換性這個新的基本概念來發展他自己的**量子力學**版本。

不到兩個月，我就完成了一篇三十頁的論文，並且寄給海森堡，請他提供意見。

你那篇關於量子力學的論文精彩絕倫，我興味盎然地讀完了，你的結果無庸置疑都是正確的。比起我們的成果，這篇論文寫得真的更好，也更有重點。

海森堡**和**波恩對此印象深刻。狄拉克立即成為**俱樂部**的成員，註定要成為量子理論的創始人之一，以此名留青史。

狄拉克的變換理論

但這只是他的開始。1925 年 11 月，狄拉克收到新量子力學的種子不過四個月，就寫了一系列四篇論文，引起世界各地理論物理學家的注意，特別是在哥本哈根、哥廷根和慕尼黑這幾個量子力學的主要研究中心。他把這幾篇論文合為一篇提交給劍橋大學後，他們愉快地授予他博士學位。

接著，狄拉克受波耳邀請，於 1926 年 9 月前往哥本哈根，並在那裡完成另一篇關於**變換理論**的重要論文。

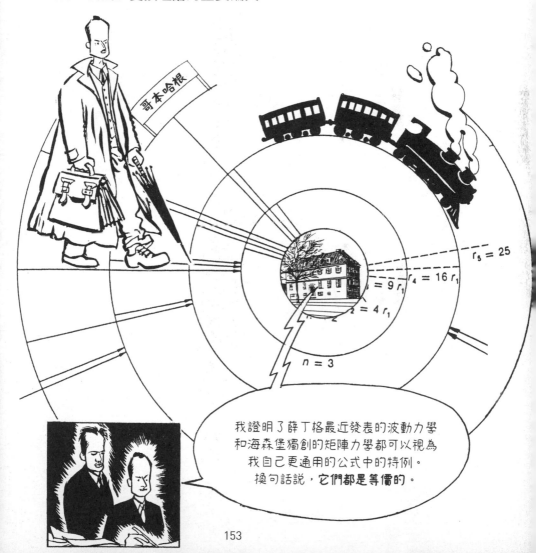

153

量子電動力學的起點

狄拉克先後在哥本哈根和哥廷根研究電磁輻射（亦即*光*）的放射和吸收問題。四分之一個世紀以前，普朗克和愛因斯坦提出了理論證據，證明光是由粒子組成，也就是今日所謂的*光子*。

儘管在 19 世紀，光的波模型有大量證據佐證，愛因斯坦還是重新引發了關於**波粒二象性**的爭論。

但基於常識，一般認為光只能是波或粒子其中的一種。狄拉克證明了量子理論能解決這個明顯的悖論。

我持續地將量子力學應用於馬克士威的電磁理論，構建了第一個已知的量子場論樣本。

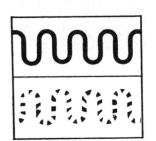

法拉第等人引入的連續場概念（還記得物理課堂上那些鐵屑和磁鐵棒吧？）現在可以分解成許多小段，以便與物質相互作用，而我們已經知道，物質是由電子、質子等離散實體組成的。狄拉克的新方法可以將光視為波**或**粒子，並給出正確的答案。真是神奇！

前劍橋理論物理教授 **J. C. 波金霍恩**（1930-2021）直接向狄拉克學習量子力學，70 年後，他對這一成就仍然印象深刻。他將它生動地比喻成……

狄拉克的公式很好懂，如果以類似粒子的方式求解就會產生粒子行為，如果以類似波的方式求解則會產生波的行為。

這就好像有人一宣稱哺乳動物產卵是不可思議的，就突然出現一隻鴨嘴獸。

波

粒子

自從有了狄拉克的這項成果，
光既是波又是粒子的雙重性質對於那些可以理解數學的人來說，
已經不再是悖論了。第二次世界大戰後，狄拉克的開創性工作
被**理查·費曼**（1918-88）等人發揚光大。

我們將我們的理論稱為量子電動力學，簡稱 QED。
它極為精準地描述了光和物質的交互作用。

理查·費曼　　弗里曼·戴森　　朱利安·施溫格　　朝永振一郎

狄拉克方程式與電子自旋

國際上的認可並沒有對狄拉克的作息造成什麼改變。回到劍橋後，他繼續奮力研究，幾乎總是獨自待在他位於聖約翰學院方形迴廊的房間裡。他即將做出另一項偉大的發現。

薛丁格的波動力學已成為關注的焦點，*波方程式*廣為人知，且主導了量子理論（至今對於大多數相關研究者來說也是如此）。薛丁格不知道電子稱為*自旋*的奇異磁性質，因此未能成功地將愛因斯坦的相對論納入他的波方程式。狄拉克以令人驚嘆的方式替他完成了，使用的主要是美學的論據。

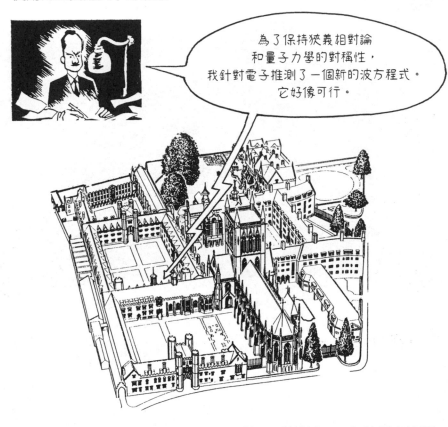

> 為了保持狹義相對論和量子力學的對稱性，我針對電子推測了一個新的波方程式。它好像可行。

他發現的公式（現在稱為*狄拉克方程式*）不僅描述了一個接近光速運動的電子，而且在**沒有任何特別假設**的情況下，預測電子自旋為二分之一，和實驗所得出的結果一樣。

預測反物質

值得注意的是，狄拉克的方程式還指出**帶正電的電子**存在，與先前觀測到的每一個電子都帶相反的電荷。

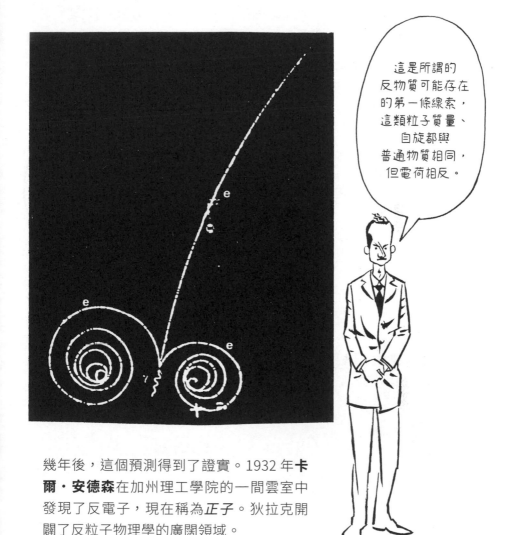

這是所謂的反物質可能存在的第一條線索，這類粒子質量、自旋都與普通物質相同，但電荷相反。

幾年後，這個預測得到了證實。1932 年**卡爾‧安德森**在加州理工學院的一間雲室中發現了反電子，現在稱為*正子*。狄拉克開闢了反粒子物理學的廣闊領域。

在發現正子的僅僅一年後，狄拉克與薛丁格就共同獲得了 1933 年的諾貝爾獎，以表彰他們在量子理論的貢獻。一起回到 1926-7 年……

測不準原理

1927 年，海森堡有了第二項重大發現，這項發現和他的矩陣力學一樣重要。在「只有可測量的量才能成為理論的一部分」的實證主義信念驅使下，海森堡體認到量子理論意味著同時測量特定成對物理變量時，精確度會有根本上的局限性。以下是他的推演。

回憶一下**位置**和**動量**這兩個變量的不可交換性：**$(pq-qp=h/2\pi i)$** ……

我證明了沒辦法精確地指出次原子粒子的**確切位置**，除非你容許粒子的動量很不精確。

並且，沒辦法精確地指出粒子的**確切動量**，除非你願意完全不確定粒子的位置。同時精確測量這兩者是不可能的。

只要**估計**同時測量位置和動量時的**不精確性**，就能輕易推導出這種不確定性的定量關係。為了精確定位或「看到」物體，照明輻射必須**明顯小於物體本身**。對於原子所帶的電子而言，這代表著波長必須遠比紫外光還短，因為整個氫原子的直徑和可見光波長相比非常小。

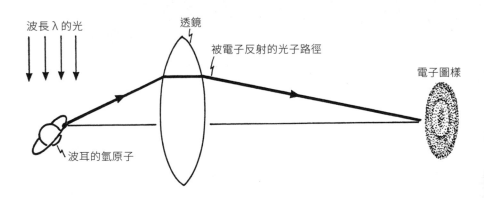

波長 λ 的光

透鏡

被電子反射的光子路徑

電子圖樣

波耳的氫原子

海森堡的 γ 射線顯微鏡

為了探討這個問題，海森堡假想了一臺 γ 射線顯微鏡。γ 射線波長雖然很短，但具有相當大的動量。

因此，電子的路徑不是平滑、連續的，而是由於 γ 射線光子的轟擊而起起伏伏。喬治・伽莫夫所繪製的海森堡假想裝置十分有名，如此頁圖所示。波耳幫助海森堡釐清了這部分的推導。

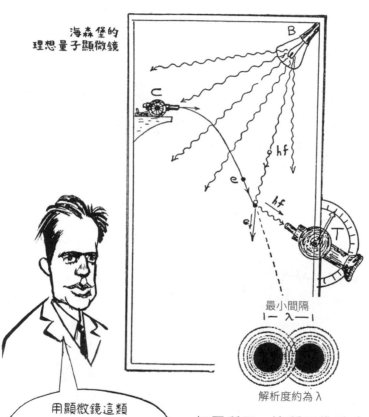

海森堡的
理想量子顯微鏡

最小間隔
|— λ —|

解析度約為 λ

用顯微鏡這類
高倍光學儀器放大時，
因為繞射的關係使得
干涉圖案重疊，
所以限制了測量物體
位置時的精確度。

如圖所示，這種不準確度大約等於正在使用的輻射的波長。因此，**測量位置的不精確度**是 △ **X~λ**。（注意：位置以 **X** 表示而不是 **q**，而 ~ 意思是「大約等於」。）

相對地，**測量動量**時最小的**不精確度**大約等於**單一光子**對電子施加的動量，即最小的可能擾動。海森堡從德布羅意／愛因斯坦關係式 △ p~h/λ 得到動量的不精確度。把兩個不準確度相乘後，海森堡證明△ X △ p 永遠大於或等於（≧）一個特定的值……

德布羅意關係式

$$(\Delta X)(\Delta p) \geq (\lambda)(h/\lambda) \geq h \quad 或 \quad ... \Delta X \, \Delta p \geq h$$

根據繞射極限

這就是**海森堡的測不準原理**（HUP），它說明了……

同時測量動量與位置的不確定性
永遠大於一個固定的量，
此量大約等於
普朗克常數 h。

ZEITSCHRIFT FÜ
PHYSIK
HERAUSGEGEBEN UNTER MITWIRKU
DER
DEUTSCHEN PHYSIKALISCHEN GESELLSC
VON
KARL SCHEEL

DREIUNDVIERZIGSTER BAND

ber den anschaulichen de
Kinematik und M
Von W. Heisenberg in

Mit 2 Abbildungen. (Eingegange

In der vorliegenden Arbeit werden zunächst exakte Definitione
Geschwindigkeit, Energie usw. (z. B. des Elektrons) aufgestellt,
Quantenmechanik Gültigkeit beh
jugierte Größen simultan nur mi
werden können (§ 1). Diese
Auftreten statistischer Zusamm
matische Formulierung gelingt
den so gewonnenen Grundsätze
Vorgänge aus der Quantenmec
der Theorie werden

儘管處於宏觀世界的我們在日常生活中不會注意到 HUP，但波粒二象性擊敗了追求完美的原子實驗學家。許多人認為，這個想法對我們所有人都有重大的**哲學影響**。

決定論的崩潰

18 世紀末，法國哲學家**皮耶·西蒙·拉普拉斯**（1749-1827）提出了決定論原理：

> 如果在某一個時間點，我們知道宇宙中所有粒子的位置及運動狀態，我們就可以計算出它們在任何時間點的行為，從過去到未來都可以。

（史蒂芬·霍金從法文轉譯）

> HUP 破壞了這個論點的第一個前提，即我們無法知道一個粒子在任一時刻的精確位置和運動狀態。因此，決定論與 HUP 是互相衝突的。

這個結論受到批評者的攻擊，認為這樣的關聯性是奠基於原子世界，不能合理地提升為普世規則。幾年前，曾多次出席波耳研究所研討會的匈牙利物理學家**維克托·魏斯克普夫**（1908-2002），清楚有力地回答了這個問題。

> 測不準原理使我們對自然的理解更加豐富，而不是更加貧乏。它限制了古典物理學對原子事件的適用性，為諸如波粒二象性這樣的新現象取得空間。引用哈姆雷特的話：

> 「赫瑞修，天地之間有許多事情，是你的睿智無法想像的。」

但誰也想像不到，在 1927 年春天，另一位丹麥偉人**波耳**的睿智帶來了什麼東西。

互補性

1927 年，波耳在挪威的一次滑雪假期中，找到了他認為理解量子力學的核心，即波粒二象性。但他有新的觀點。

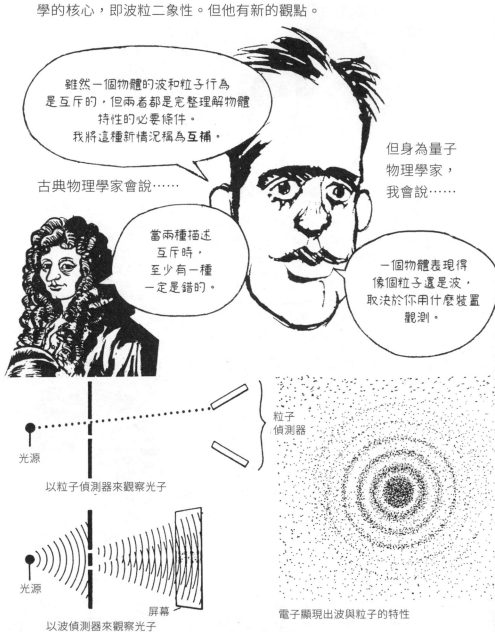

雖然一個物體的波和粒子行為是互斥的，但兩者都是完整理解物體特性的必要條件。我將這種新情況稱為**互補**。

古典物理學家會說……

當兩種描述互斥時，至少有一種一定是錯的。

但身為量子物理學家，我會說……

一個物體表現得像個粒子還是波，取決於你用什麼裝置觀測。

光源

粒子偵測器

以粒子偵測器來觀察光子

光源

屏幕

以波偵測器來觀察光子

電子顯現出波與粒子的特性

162

哥本哈根詮釋

波耳為了這個概念，和海森堡爭論了幾個星期。之後，他開始把量子理論的各個部分結合成一致的整體。他結合了海森堡的成果——矩陣力學和測不準原理，將其中各個部分與波恩對薛丁格波方程式的概率解釋及他自己提出的的**互補性**相結合。

> 更根本的是，我（與海森堡、包立和波恩）得出結論，在測量前對原子系統的狀態描述是**不明確**的，只能說該系統具有某些值的潛在可能，各自有一定的機率。

這是另一個新概念，重點討論了量子測量問題及它與古典物理之間極其重要的聯繫。這一系列觀點稱為**哥本哈根詮釋**（CHI）。

1927 年 9 月，義大利科莫

波耳花了好幾個月整合自己對量子理論各方面的想法，然後 1927 年 9 月在科莫發表演講，歐洲頂尖的物理學家有一大半都在臺下。沒了愛因斯坦吹毛求疵的眼睛和耳朵（他不會踏上法西斯統治的義大利），波耳首度詳細地描述了**互補原理**。

假設有一組實驗證據只能根據波的性質來解釋，另一組實驗證據只能根據粒子的性質來解釋。這兩組證據並不矛盾。

由於證據是在不同的實驗條件下取得的，所以不能結合成一幅圖像，而必須視為彼此互補。

1927 年 10 月，索爾維會議

1927 年 10 月底，也就是科莫會議的幾週後，波耳抵達布魯塞爾大都會酒店，參加歷史性的索爾維會議，就是本書一開始特別介紹的那場會議。

愛因斯坦想要的是一個描述**事物本身**的理論，而不是它發生的**機率**。然而波耳很有自信愛因斯坦會接受他的詮釋，因為它緊扣實驗結果。愛因斯坦本人也是用這個方法來捍衛他那挑戰常識的狹義相對論。

但令波耳震驚和失望的是，愛因斯坦宣布……

愛因斯坦開始攻擊「令人反感的」測不準原理，也就是哥本哈根詮釋的基礎，試圖摧毀此說。他使用巧妙的**思想實驗**，試圖反駁海森堡的定律，但波耳總能發現愛因斯坦論證的缺陷，並一次次地反駁。

愛因斯坦的光盒

三年後的下一屆索爾維會議上，最嚴峻的挑戰來了。愛因斯坦相信他終於找到了一個違反 HUP 的情況。他描述了一個裝滿光的盒子，並且提出其中每個獨立光子的**能量**和發射**時間**都可以精準地確定。理論上，時間和能量是另一對遵循 HUP 的變量。

首先替盒子秤重，然後盒內的一個時鐘會操縱快門，在某一特定瞬間釋放一個光子。

接著重新替這個盒子秤重，得知質量的變化，然後用我的方程式 $E=mc^2$ 計算出光子的能量。

如此一來便得知能量變化了，就和得知光子發射的精確時間一樣。所以，你的測不準原理就結束了！

難以入眠的夜晚

波耳被難倒了嗎？顯然他徹夜未眠，試圖找出實驗的破綻，最後終於有了答案。隔天早上，他畫了一個光盒。然後，令愛因斯坦大為懊惱的是，波耳駁斥了他的「光盒」論點。

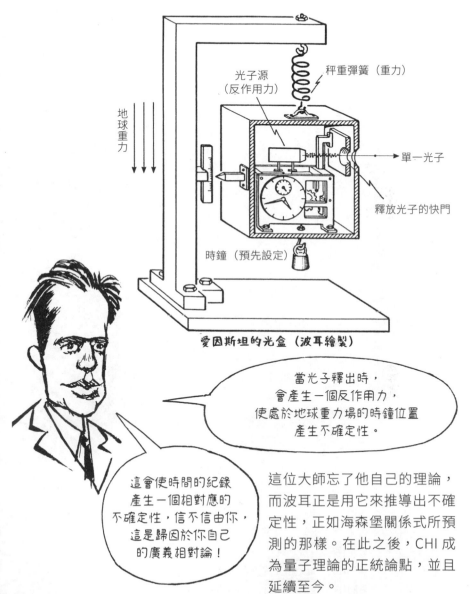

愛因斯坦的光盒（波耳繪製）

當光子釋出時，會產生一個反作用力，使處於地球重力場的時鐘位置產生不確定性。

這會使時間的紀錄產生一個相對應的不確定性，信不信由你，這是歸因於你自己的廣義相對論！

這位大師忘了他自己的理論，而波耳正是用它來推導出不確定性，正如海森堡關係式所預測的那樣。在此之後，CHI 成為量子理論的正統論點，並且延續至今。

EPR 悖論

但愛因斯坦放棄了嗎？不盡然。過了五年，希特勒上台掌權後，歐洲物理學家散落世界各地，愛因斯坦最終落腳於紐澤西州普林斯頓高等研究所。他與兩位年輕的同事**鮑里斯·波多爾斯基**（1896-1966）、**納森·羅森**（1909-95）合作，對波耳提出了另一個**並非基於測不準原理**的挑戰，並以三位作者的名字命名為 **EPR 悖論**。

有可能獲得一對粒子，假設是電子，在所謂的**單態**中，它們的自旋相互抵消，使得總自旋為零。讓我們假設粒子 A 和 B 相距很遠，然後從某個方向測量 A 的自旋，並發現是「向上」的狀態。

因為兩個自旋必須抵消為零，所以粒子 B 在同一方向的自旋必須「向下」。

在古典物理學中，這完全沒有問題。人們只會如此歸結，從分離時開始，粒子 B 從分離時就一直是自旋「向下」。

波多爾斯基

愛因斯坦於 1933 年永久離開了德國。

局域性原理

然而根據 CHI，
粒子 A 的自旋直到測量之前是沒有定值的，
測量的當下必須對粒子 B 產生瞬時效應，
使它的自旋波函數崩塌成相反的值，也就是「向下」。

這種詭異的情形代表
必須有**超距行動**，
或是**比光還快**的通訊，
兩者都是無法接受的。

羅森

愛因斯坦和同事確信，他們證明了
有量子理論並未考慮到的隱藏變量
（**現實的一部分**）存在，從而表明
這個理論是**不完整**的。這裡的大問
題是愛因斯坦的**分離性**，也就是他
的局域性原理……

如果有兩個彼此隔絕了一段時間的系統，
那麼測量第一個系統時，
不會對第二個系統造成**真正的改變**。

別忘了
我的**狹義相對論**──
沒有任何東西
能跑得**比光快**！

波耳和非局域性

波耳說，這種分離性或局域性是不被允許的。他立刻提醒愛因斯坦
（以及全世界）CHI 一直主張的東西⋯⋯

量子力學不允許觀察者和被觀察者分離。兩個電子**和**觀測者都是系統
的一部分。EPR 實驗不是證明量子理論的不完整性，而是證明了在
原子系統中假設**局部**的條件是一件天真的事。一旦它們連結在一起，
原子系統就永遠不會分離。

有一個大問題是非局域性這項顯著特性是否能夠通過實驗的檢驗。還
是愛因斯坦的**分離性**可以證明的確存在呢？

貝爾不等式定理

在 EPR 悖論提出之後的 30 年裡，這個重要問題沒有什麼進展，直到北愛爾蘭貝爾法斯特的物理學家**約翰·貝爾**（1928-90）從 CERN（歐洲核子研究中心）休假一年。他提出了一個巧妙的**不等式定理**來檢驗 EPR 悖論所引發的問題。

這個測試使用相互連結的**光子**（而非電子），偵測的是光的偏振而非自旋。但原則是相同的：A 的變化如何影響 B？

為了推導出他的不等式，貝爾使用了每個人都同意的某些事實和概念，除了……愛因斯坦的局域性條件，他認為那是真實無誤的。

如果實驗結果**違反不等式**，就代表他的推導中有一個前提是錯誤的。貝爾選擇將其詮釋為自然是非局域性的。

約翰‧克勞澤等人 1978 年在加州大學柏克萊分校進行的實驗，以及特別是 1982 年**阿蘭‧阿斯佩**在巴黎的團隊所做的實驗，都表明貝爾的不等式定理得到了實驗證實。

PMT= 光電倍增管

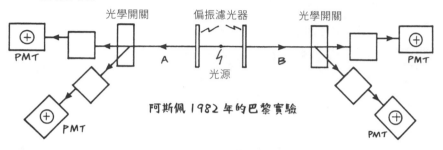

阿斯佩 1982 年的巴黎實驗

這意味著，儘管世上的現象看似局部，但我們的世界實際上是由一個不可見的真實在支持著，這種真實不需要介質，而且**通訊速度可以比光更快，甚至是瞬時的。**

> **非局域性真實下的交互作用**
> 1. 交互作用不會隨著距離而減弱。
> 2. 它能瞬間行動（比光速還快）。
> 3. 它不需穿越空間就能把位置連結起來。

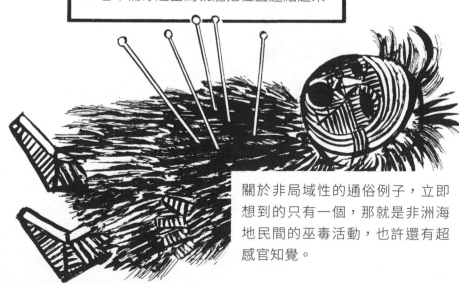

關於非局域性的通俗例子，立即想到的只有一個，那就是非洲海地民間的巫毒活動，也許還有超感官知覺。

一個尚未發現的世界

這似乎是自然最令人驚奇的面向,而此發現是應用量子理論的結果。貝爾的成果應該適用於任何關於自然的基本理論(不只是量子理論),可說是 20 世紀最重要的理論思想之一。

儘管 90 年代時人們興致勃勃,但根據對數百種測量結果的統計分析,包括阿斯佩實驗等似乎還是存在一定的漏洞。這些都把貝爾定理從被證明的狀態,推回成懸而未決的問題。愛因斯坦和 EPR 悖論仍然存在!從網路下載的網頁顯示,世界各地正針對這個問題進行大量研究。

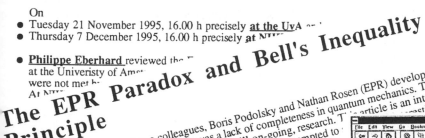

On
- Tuesday 21 November 1995, 16.00 h precisely **at the UvA** ---
- Thursday 7 December 1995, 16.00 h precisely **at N**---

- **Philippe Eberhard** reviewed the ---
at the Univeristy of Am---
were not met b---
At N---

The EPR Paradox and Bell's Inequality Principle

In 1935 Albert Einstein and two colleagues, Boris Podolsky and Nathan Rosen (EPR) developed a thought experiment to demonstrate what they felt was a lack of completeness in quantum mechanics. This so-called "EPR paradox" has led to much subsequent, and still on-going, research. This article is an introduction to EPR, Bell's inequality, and the real experiments which have attempted to --- resting issues raised by this discussion.

--- principal features of quantum mechanics is that not all the cla---

Web Worm: Future ---cisely

量子理論與新的千禧年

本頁照片拍攝的是一場著名的對話，但並不是愛因斯坦挑戰波耳的量子理論詮釋最嚴峻的那一次。薛丁格的波方程式和海森堡的測不準原理確實有效！但 EPR 悖論是另一回事。

的確，1982 年關於相互連結的光子實驗（阿斯佩實驗以及其他）結果似乎違反貝爾定理，證實自然界是非局域性的。事情似乎解決了。

但**非局域性**真的是真的嗎？我們能否接受**超距行動**（巫毒、超感官知覺等）這種荒謬的概念？

今天，並非所有人都同意連結實驗是決定性的。＊所以，我們現在該何去何從？

＊譯註：2022 年阿斯佩、克勞澤和安東・塞林格（Anton Zeilinger）因為「在糾纏光子的實驗中，確立了違反貝爾不等式的證據和開創性的量子資訊科學」獲得諾貝爾物理獎。張鳳吟、台灣科技媒體中心共同翻譯，〈2022 諾貝爾物理獎官方新聞稿全文翻譯〉，台灣科技媒體中心網站：https://smctw.tw/14311/。

約翰・惠勒，量子物理學家

而後，回答這個問題的人是**約翰・惠勒**（1911-2008），他是普林斯頓大學物理系名譽教授。惠勒終生致力於 20 世紀物理學的前沿研究——相對論宇宙學和量子理論。眾所周知他為了理解量子形式的全體面向而努力不懈。他的工作強調了觀察者在*創造現實*上扮演的核心角色。

> 我們有些人就是不能接受所有隱含在 CHI 中的解釋，尤其是非局域性。會不會愛因斯坦……又是對的？

作者在 1995 年 12 月一個下雪天前往普林斯頓大學拜訪惠勒。

> 關於 EPR 悖論，記住：我們沒有權力過問光子在運行期間做了什麼。**任何基本粒子在被記錄到之前，都不算是現象。**我必須說在日常生活裡，量子理論是不可動搖、不可挑戰、不可戰勝的。它已經**通過戰鬥考驗**了。

結語

惠勒之後寫信給作者……

2000 年 12 月是量子這項物理學界有史以來最偉大的發現的 100 週年。為了慶祝，我建議書名取為「量子：光榮與恥辱」。為什麼光榮？因為量子照亮了物理學的所有分支。而恥辱的是，我們仍然不知道「為什麼是量子？」

延伸閱讀

量子理論無法解釋。從波耳到潘羅斯（Roger Penrose），物理學家和數學家都承認量子理論並不合理。我們能做的，是發掘概念是如何發展，以及理論如何應用。本書的主題是前者，其他的推薦讀物如下：

量子理論的發展

The Quantum World, J. C. Polkinghorne.
出色而簡短的作品，作者是狄拉克的親炙弟子。

Thirty Years that Shook Physics, George Gamow.
這本好書的作者是幽默的物理學家兼插畫家，他在 1930 年代就開始應用量子理論的發現。

In Search of Schrödinger's Cat, John Gribbin.
* 簡中譯版：《尋找薛定諤的貓：量子物理和真實性》，張廣才、許愛國等譯，海南出版社，2009。

對一般人而言，這是理論如何誕生的最佳介紹。書中提供理論應用的實例、描述了費曼的量子電動力學，並且總結了寫作當時的科學詮釋。

Taking the Quantum Leap, Fred Alan Wolf.
生動的呈現了量子理論極為基礎卻又驚人的概念。

主要人物的生平和著作

The Dilemmas of an Upright Man, J. L. Heilbron.
* 簡中譯版：《正直者的困境》，劉兵譯，東方出版社，1998。
量子的發現者普朗克的傳記，對傳主設身處地且十分詳盡。

Subtle is the Lord, Abraham Pais.
* 簡中譯版：《愛因斯坦傳》，方在慶、李勇等譯，商務印書館，2004。
在十數本愛因斯坦的傳記作品中，這是一槌定音的著作。

Niels Bohr's Times, Abraham Pais.
* 簡中譯版：《尼耳斯·玻爾傳》，戈革譯，商務印書館，2001。
特殊的敘事，揭露了 20 世紀原子物理學領導權威的探索之路。

Physics and Philosophy, Werner Heisenberg.
* 簡中譯版：《物理學和哲學》，范岱年譯，商務印書館，2009。
發現矩陣力學和測不準原理的海森堡，在書中以三十年的縱深討論哥本哈根詮釋本身，及其對哲學的影響。* 編註：「三十年的縱深」乃因原書出版於 1958 年。

The Restless Universe, Max Born.
20 世紀物理學的經典作品，且容易閱讀，其中解釋了量子理論的統計學層面。頁邊的繪圖展示了時間序列。

Matter and Light, Louis de Broglie.
法國親王德布羅意追述的觀點。

Schrödinger: Life and Thought, Walter Moore.
奧地利通才薛丁格廣受讚譽且直言不諱的傳記。

Beyond the Atom: Philosophical Thoughts of Wolfgang Pauli, K. V. Laurikainen.
介紹了包立的思想，他構思出不相容原理，也十分刻薄。他曾經形容某一項理論糟糕到「連錯誤都稱不上」！

Directions in Physics, Paul Dirac.
狄拉克一系列的演講，包含他認為基礎理論學者的工作仍未完成的看法。

量子理論的詮釋

Quantum Reality, Beyond the New Physics, Nick Herbert.
量子理論各種詮釋的摘要。1985 年出版後，有部分詮釋現已不被採信。

The Ghost in the Atom, P. C. W. Davies 和 Julian R. Brown 編。
* 中譯：《原子中的幽靈》，史領空譯，貓頭鷹，2021。

貝爾、阿斯佩、惠勒等人的一系列訪問，呈現科學界當時對於非局域性的看法。介紹了 1935 年的兩組悖論：薛丁格的貓和 EPR，並說明背景。

致謝

寫作本書的困難超乎我所想。我很幸運能和薩拉特再次合作，讓讀者能看見量子理論畢竟是一場人類的探索。與波金霍恩、Chris Isham 和惠勒的對談非常有幫助，而 Pais 的波耳傳記是必要的資料來源。我必須歸功科學史學者 Martin Klein，多年前他在 *The Natural Philosopher* 上關於普朗克和愛因斯坦早期量子研究的文章打開了我的視野。我的妻子和其他家人對我壞脾氣的沉默無比的有耐心。

譯名對照表

EPR 悖論	EPR paradox
J. J. 湯姆森	Joseph John Thomson
一個啟發性觀點：關於光的自然本質（愛因斯坦論文）	Über einen die Erzeugung und Verwandlung des Lichtes betreffenden heuristischen Gesichtspunkt (On a Heuristic Viewpoint Concerning the Production and Transformation of Light)
干涉	interference
不相容原理	exclusion principle
互補性	complementarity
分光鏡	spectroscope
反物質	anti-matter
夫朗和斐譜線	Fraunhofer Lines
尤金・維格納	Eugene Wigner
主量子數	principal quantum number
卡文迪許實驗室	Cavendish Laboratory
卡皮察俱樂部	Kapitza Club
卡爾・安德森	Carl Anderson
古典物理	classical physics
古斯塔夫・克西荷夫	Gustav Kirchhoff
尼爾斯・波耳	Niels Bohr
布拉克	Frederick S. Brackett
弗里曼・戴森	Freeman Dyson
本徵值法	method of eigen value
正子	positron
正則／正統分布	canonical/orthodox distribution
皮耶・西蒙・拉普拉斯	Pierre Simon de Laplace
光子	photon
光電效應	photoelectric effect
安德斯・約納斯・埃格斯特朗	Anders Jonas Ångström
托馬斯・梅爾維爾	Thomas Melville
朱利安・施溫格	Julian Schwinger
米列娃	Mileva Marić
自旋	spin
亨德里克・勞侖茲	Hendrik Lorentz
克耳文爵士	Lord Kelvin (William Thomson)
克里斯蒂安・惠更斯	Christiaan Huygens
吸收光譜	absorption spectra
局域性原理	locality principle
決定論	determinism
決定論原理	principle of determinism
沃夫岡・包立	Wolfgang Pauli
角動量	angular momentum
貝克勒	Henri Becquerel
來曼	Theodore Lyman
定態	stationary state
尚・佩蘭	Jean B. Perrin
帕申	Friedrich Paschen
帕斯夸爾・約爾旦	Pascual Jordan
弧光燈	arc lamp
彼得・塞曼	Pieter Zeeman
拉爾夫・福勒	Ralph Fowler
明線光譜	bright line light spectra
波包	wave packet
波函數	wave function
波金霍恩	John Charlton Polkinghorne
波動力學	wave mechanics
波粒二象性	wave/particle duality

物理年鑑（期刊）	Annalen der Physik	振子	oscillator
物質波	matter wave	氣體動力論	kinetic theory of gases
芮得柏常數	Rydberg constant	海因貝格山	Hainberg
阿爾伯特・愛因斯坦	Albert Einstein	海因里希・赫茲	Heinrich Hertz
阿爾伯特・邁克生	Albert Michelson	海因里希・魯本斯	Heinrich Rubens
阿諾・索末菲	Arnold Sommerfeld	矩陣力學	matrix mechanics
阿蘭・阿斯佩	Alain Aspect	破壞性干涉	destructive interference
保羅・埃倫費斯特	Paul Ehrenfest		
保羅・朗之萬	Paul Langevin	納森・羅森	Nathan Rosen
保羅・狄拉克	Paul Dirac	索爾維會議	Solvay conference
威廉・維因	Wilhelm Wien	能量守恆定律	law of conservation of energy
威廉皇帝學會	Kaiser Wilhelm Institute	能量均分定理	theorem of equipartition of energy
建設性干涉	constructive interference	退降	degradation
柏林工業大學	Technische Hochschule	馬克士威	James Clerk Maxwell
		馬克士威分布	Maxwell distribution
柏林物理學會	Berlin Physical Society	馬克斯・波恩	Max Born
相速度	phase velocity	馬克斯・普朗克	Max Planck
約西亞・威治伍德	Josiah Wedgwood	基態	ground state
約瑟夫・馮・夫朗和斐	Joseph von Fraunhofer	理查・費曼	Richard Feynman
約翰・尼柯森	John William Nicholson	異常塞曼效應	anomalous Zeeman effect
約翰・克勞澤	John Francis Clauser	第谷	Tycho Brahe
約翰・貝爾	John Stewart Bell	統計力學	statistical mechanics
約翰・惠勒	John Archibald Wheeler	陰極射線	cathode ray
約翰・雅各布・巴耳末	Johann Jakob Balmer	傅立葉分析	Fourier wave analysis
		喬治・伽莫夫	George Gamow
約翰・道耳頓	John Dalton	喬治・烏倫貝克	George Uhlenbeck
約翰尼斯・克卜勒	Johannes Kepler	喬治・湯姆森	George Thomson
迪米崔・門得列夫	Dmitri Mendeleev	普魯士科學院	Prussian Academy
倫琴	Wilhelm Röntgen	減速電壓	retarding voltage
哥本哈根詮釋	Copenhagen Interpretation	測不準原理	uncertainty principle
		湯瑪士・楊格	Thomas Young
埃爾溫・薛丁格	Erwin Schrödinger	紫外災變	ultraviolet catastrophe

Education 11

大話題：量子理論
Introducing Quantum Theory: A Graphic Guide

作者／J. P. 麥可弗伊（J. P. McEvoy）
繪者／奧斯卡·薩拉特（Oscar Zarate）
譯者／郭雅欣
全書設計／陳宛昀
責任編輯／賴書亞
行銷企畫／陳詩韻
總編輯／賴淑玲
出版者／大家出版／遠足文化事業股份有限公司
發行／遠足文化事業股份有限公司（讀書共和國出版集團）
地址／231新北市新店區民權路108-2號9樓
客服專線／0800-221-029 傳真／02-2218-8057
郵撥帳號／19504465
戶名／遠足文化事業股份有限公司
法律顧問／華洋國際專利商標事務所 蘇文生律師
初版一刷／2023年3月
初版三刷／2023年8月

ISBN 978-626-7283-02-8（平裝）
ISBN 978-626-7283-04-2（PDF）
ISBN 978-626-7283-05-9（EPUB）

定價／320元
有著作權·侵犯必究
本書僅代表作者言論，不代表本公司／出版集團之立場與意
見本書如有缺頁、破損、裝訂錯誤，請寄回更換

國家圖書館出版品預行編目資料

大話題：量子理論 / J.P. McEvoy作；
Oscar Zarate繪；郭雅欣譯. -- 初版.
-- 新北市：大家出版：遠足文化事業
股份有限公司發行, 2023.03
　　面；　公分. -- (Education; 11)
譯自：Introducing Quantum theory
ISBN 978-626-7283-02-8(平裝)

1.CST: 量子力學 2.CST: 通俗作品

331.3　　　112000172

INTRODUCING QUANTUM THEORY: A
GRAPHIC GUIDE
by J.P. MCEVOY AND OSCAR ZARATE
Copyright © 2013 by ICON BOOKS LTD
This edition arranged with The Marsh
Agency Ltd & Icon Books Ltd.
through Big Apple Agency, Inc., Labuan,
Malaysia.
Traditional Chinese edition copyright:
2023 Common Master Press, an imprint of
Walkers Cultural Enterprise Ltd.
All rights reserved.

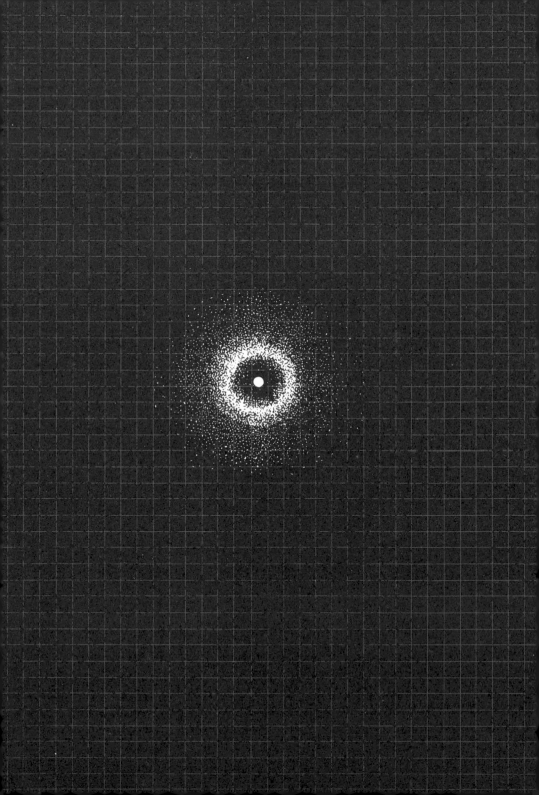

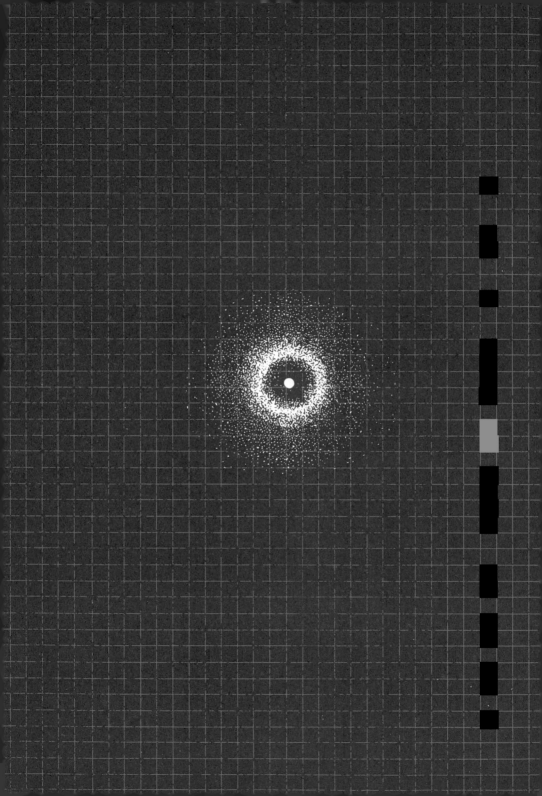